大人のための高校化学復習帳

元素記号が好きになる

竹田淳一郎　著

ブルーバックス

装幀／芦澤泰偉・児崎雅淑
カバーイラスト／マツモトナオコ
本文イラスト・図版／いたばしともこ
本文デザイン・図版／フレア

はじめに

本書を手に取っていただきありがとうございます。みなさんは「化学」と聞くとどんなイメージを抱きますか。いろんな物質が出てきて、覚えることがたくさんあって、なんだかとっつきにくかったと思われるかもしれません。

たしかに、小学校や中学校までは身近な現象を扱っていた理科も、高校生になって「化学」という名前に変わった途端、モルやpHが出てきて難しくなりますよね。「共有結合」とか「アルデヒド」なんて、テストのためには勉強したかもしれないけれど、今ではさっぱり覚えていないよ、という人も多いと思います。

しかし、高校時代に習う化学の基礎は、大人になった今こそ役に立つのです。身近な物質の成り立ちや現象の仕組みを知ったり、環境問題を考えたりするうえで欠かせないからです。電池はどうしてエネルギーを蓄えられるの？　大気汚染で話題になるSOx、NOxって何？　洗剤に「まぜるな危険」と書いてあるのはどうして？　そんなことが高校化学で理解できてしまうのです。

とはいえ高校化学では、はじめに「原子の構造」からスタートして、化学結合やモルといった目に見えないミクロな分野に踏み込んでいくので、なかなか具体的なイメージをもちにくいと思います。ここを何とかクリアしても、そのあとに続く無機化学と有機化学で膨大な量の物質名の暗記を強要されて、もうそのころには化学はすっかり嫌いになってしまっていた、そんな人がたくさんいるのではないでしょうか。

でも心配いりません！　そんなあなたに向けてこの本を書きました。本書は読み物形式で、高校化学が基礎から復習できるようになっています。

著者は毎日中高生、ときには小学生、大学生、社会人にも化学を教えている現役の教員です。教員になって10年間、生徒がどこでつまずきやすいかに気付いたり、どんな説明をすると理解しやすいかを発見したりするたびに、楽しく理解できるためのアイデアを考えてきました。そうやって蓄積してきた工夫を全体に盛り込み、高校の化学の内容を楽しく復習できるように書いたのが本書です。

本書はテーマごとに26項に分かれています。各項は「内容紹介」、「ポイント」、「本文」という構成になっています。「ポイント」は本文で説明する内容をキーワードで挙げたものなので、難しいなと思ったら最初は読み飛ばしてもらってかまいません。ひとつの項は10ページ程度と短く区切られていますが、エッセンスをわかりやすくまとめてあるので、高校時代に理解できずモヤモヤしていたことがたちまち氷解し、「化学って面白くて役に立つ」ということが実感できるはずです。

さあ目次を見て、興味を持ったページを開いてみてください。高校のときに学んだことを新鮮な発見とともに思い出してもらえたら幸いです。

目次

はじめに……3

Part 1 **基礎化学**
化学だけじゃない、科学に共通するルールとは？……9

1 世界を構成する元素 **原子の構造と周期表**……11
2 イオンって何？
陽イオンと陰イオン、イオン結合……23
3 原子のつながり方 **共有結合、金属結合**……32
4 化学に出てくる特殊な単位 **モルとモル濃度**……41
5 化学反応式の作り方 **化学反応の量的関係**……49

Part 2 **理論化学**
身の回りに潜む現象を化学する……57

6 物質の状態を決めるもの
物質の三態——気体、液体、固体……59
7 気圧と温度と体積の関係 **気体の状態方程式**……67
8 海水は0℃でも凍らない **沸点上昇と凝固点降下**……74

9 ナメクジは塩でなぜ縮む　**浸透圧** 83
10 ホッカイロはなぜ熱くなる　**熱化学** 90
11 速い化学反応、遅い化学反応
化学反応の速度と反応のメカニズム 102
12 反応中でも見かけ変わらず　**化学平衡** 112
13 すっぱさの正体はH^+　**酸と塩基、中和反応** 120
14 酸化還元は電子のやりとり　**酸化剤と還元剤** 130
15 金が永遠に輝くわけ　**金属のイオン化傾向** 140
16 化学反応を電気に変える　**いろいろな電池** 148
17 電気の力で反応をおこす　**電気分解** 160

Part 3 **無機化学**
身近な元素も化学の目で見ると一味違う 171

18 ハロゲン、希ガスって何だっけ？　**非金属元素** 173
19 アルミ箔はすでに錆びている!?　**典型金属元素** 188
20 文明を支える金属　**遷移金属元素** 202

Part 4 有機化学
炭素が主人公、「有機」を化学的に考える……211

21 石油や天然ガスの主成分 **炭化水素**……213
22 アルコール、エーテル、エステル
酸素を含む有機化合物……227
23 ベンゼン環の仕組みを知る **芳香族化合物**……239

Part 5 高分子化学
原子がたくさんつながってできた不思議な物質……251

24 デンプンは糖からできている **糖類、天然ゴム**……253
25 生命に不可欠な物質 **アミノ酸、タンパク質**……271
26 人間が作り出した高分子化合物
合成樹脂(プラスチック)、合成繊維……281

おわりに……290
参考文献……291
さくいん……292

Part 1

基礎化学

化学だけじゃない、科学に共通するルールとは？

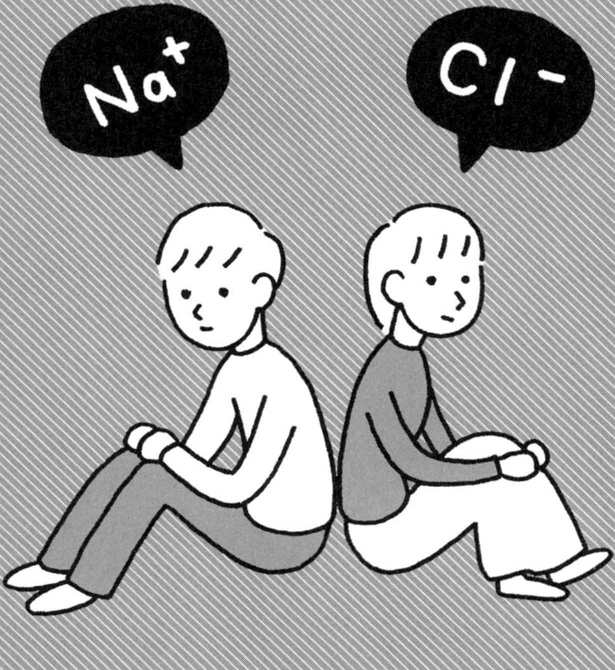

化学は物質の性質や反応について知る学問ですが、世の中のすべての物質は周期表に整然と並んだ100種類を超える元素からできています。無数にある物質は、1種類の元素からできているものよりも、複数種類の元素からできているもののほうが圧倒的に多いのです。それらの元素はどのような決まりで組み合わさっているか、たとえば二酸化炭素はCO_2と表されますが、なぜCO_3やC_2Oではいけないのかを知ることが、物質について理解する第一歩となります。

1 世界を構成する元素
原子の構造と周期表

世の中に存在するすべての物質は原子からできています。鉛筆の芯は炭素原子、ガラスはケイ素原子と酸素原子、ステンレスは鉄原子とクロム原子とニッケル原子、プラスチックは炭素原子と水素原子……。世の中に存在する原子を原子番号の順に並べた周期表には、100 種類を超える原子があります。原子の構造と周期表の見方についてひもといていきましょう。

ポイント

❶物質を構成する最小の粒子のことを原子といい、原子は原子核と電子から構成されています。

❷原子核は陽子と中性子からなり、その数の和は質量数といいます。

❸陽子の数が原子番号です。電子がどの電子殻に存在するかを電子配置といい、電子配置をもとに元素を並べたのが周期表です。

❹陽子の数が同じ、つまり同じ原子でありながら中性子の数が異なる場合があります。このような関係を互いに同位体といいます。

❺最外殻の電子殻に存在する電子を価電子といい、価電子の数が元素の性質を決定します。

元素の周期表

- 族番号 ― 1
- 原子量 ― 1.008
- 原子番号 ― 1**H** ― 元素記号
- 水素 ― 元素名

1	2	3	4	5	6	7	8	9
1.008 1**H** 水素								
6.941 3**Li** リチウム	9.012 4**Be** ベリリウム							
22.99 11**Na** ナトリウム	24.31 12**Mg** マグネシウム							
39.10 19**K** カリウム	40.08 20**Ca** カルシウム	44.96 21**Sc** スカンジウム	47.87 22**Ti** チタン	50.94 23**V** バナジウム	52.00 24**Cr** クロム	54.94 25**Mn** マンガン	55.85 26**Fe** 鉄	58.93 27**Co** コバルト
85.47 37**Rb** ルビジウム	87.62 38**Sr** ストロンチウム	88.91 39**Y** イットリウム	91.22 40**Zr** ジルコニウム	92.91 41**Nb** ニオブ	95.96 42**Mo** モリブデン	(99) 43**Tc** テクネチウム	101.1 44**Ru** ルテニウム	102.9 45**Rh** ロジウム
132.9 55**Cs** セシウム	137.3 56**Ba** バリウム	57~71 ランタノイド	178.5 72**Hf** ハフニウム	180.9 73**Ta** タンタル	183.8 74**W** タングステン	186.2 75**Re** レニウム	190.2 76**Os** オスミウム	192.2 77**Ir** イリジウム
(223) 87**Fr** フランシウム	(226) 88**Ra** ラジウム	89~103 アクチノイド	(267) 104**Rf** ラザホージウム	(268) 105**Db** ドブニウム	(271) 106**Sg** シーボーギウム	(272) 107**Bh** ボーリウム	(277) 108**Hs** ハッシウム	(276) 109**Mt** マイトネリウム

ランタノイド	138.9 57**La** ランタン	140.1 58**Ce** セリウム	140.9 59**Pr** プラセオジム	144.2 60**Nd** ネオジム	(145) 61**Pm** プロメチウム	150.4 62**Sm** サマリウム
アクチノイド	(227) 89**Ac** アクチニウム	232.0 90**Th** トリウム	231.0 91**Pa** プロトアクチニウム	238.0 92**U** ウラン	(237) 93**Np** ネプツニウム	(239) 94**Pu** プルトニウム

10	11	12	13	14	15	16	17	18
								4.003 2**He** ヘリウム
			10.81 5**B** ホウ素	12.01 6**C** 炭素	14.01 7**N** 窒素	16.00 8**O** 酸素	19.00 9**F** フッ素	20.18 10**Ne** ネオン
			26.98 13**Al** アルミニウム	28.09 14**Si** ケイ素	30.97 15**P** リン	32.07 16**S** 硫黄	35.45 17**Cl** 塩素	39.95 18**Ar** アルゴン
58.69 28**Ni** ニッケル	63.55 29**Cu** 銅	65.38 30**Zn** 亜鉛	69.72 31**Ga** ガリウム	72.64 32**Ge** ゲルマニウム	74.92 33**As** ヒ素	78.96 34**Se** セレン	79.90 35**Br** 臭素	83.80 36**Kr** クリプトン
106.4 46**Pd** パラジウム	107.9 47**Ag** 銀	112.4 48**Cd** カドミウム	114.8 49**In** インジウム	118.7 50**Sn** スズ	121.8 51**Sb** アンチモン	127.6 52**Te** テルル	126.9 53**I** ヨウ素	131.3 54**Xe** キセノン
195.1 78**Pt** 白金	197.0 79**Au** 金	200.6 80**Hg** 水銀	204.4 81**Tl** タリウム	207.2 82**Pb** 鉛	209.0 83**Bi** ビスマス	(210) 84**Po** ポロニウム	(210) 85**At** アスタチン	(222) 86**Rn** ラドン
(281) 110**Ds** ダームスタチウム	(280) 111**Rg** レントゲニウム	(285) 112**Cn** コペルニシウム	(284) 113**Nh** ニホニウム	(289) 114**Fl** フレロビウム	(288) 115**Mc** モスコビウム	(293) 116**Lv** リバモリウム	(294) 117**Ts** テネシン	(294) 118**Og** オガネソン

152.0 63**Eu** ユウロピウム	157.3 64**Gd** ガドリニウム	158.9 65**Tb** テルビウム	162.5 66**Dy** ジスプロシウム	164.9 67**Ho** ホルミウム	167.3 68**Er** エルビウム	168.9 69**Tm** ツリウム	173.1 70**Yb** イッテルビウム	175.0 71**Lu** ルテチウム
(243) 95**Am** アメリシウム	(247) 96**Cm** キュリウム	(247) 97**Bk** バークリウム	(252) 98**Cf** カリホルニウム	(252) 99**Es** アインスタイニウム	(257) 100**Fm** フェルミウム	(258) 101**Md** メンデレビウム	(259) 102**No** ノーベリウム	(262) 103**Lr** ローレンシウム

（　）内の数値は、安定同位体がなく天然で特定の同位体組成を示さない元素について、その元素の代表的な同位体の質量数を記した。

元素記号の読み方

周期表を見てみると、水素と酸素はありますが、「水」はありません。これは水が水素と酸素が組み合わさってできているからです。二酸化炭素、メタンのように周期表にはない物質も、すべて周期表にある元素の組み合わせでできています。この物質を構成する元素の粒のことを**原子**といいます。たとえばヘリウム原子は、次のような構造をしています。

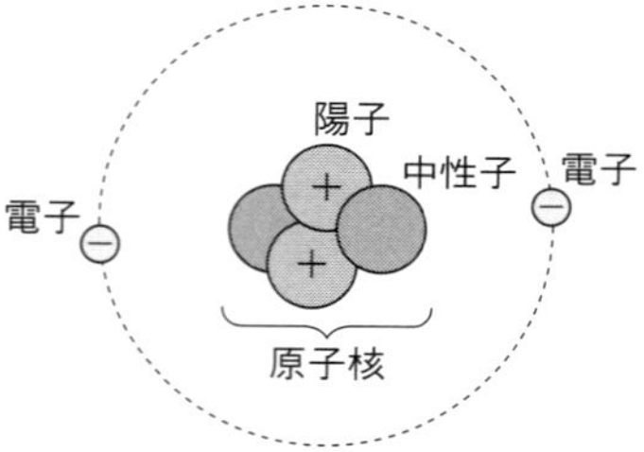

図1-1　ヘリウム原子の原子構造

原子の中心部には**原子核**があり、原子核は正電荷をもつ**陽子**と電荷をもたない**中性子**からできています。原子核のまわりには、陽子と等しい数の**電子**が飛び回っています。電子１粒のもつ負の電荷は、陽子１粒のもつ正の電荷と等しいため、原子全体ではプラスマイナスゼロの電気的中性になっています。

ここで「**電荷**」という言葉が出てきました。電荷とは、物体のもつ電気のことです。冬の乾燥した日にセーターを脱ぐと静電気がおきます。この静電気がたまっている状態を「電荷をもっている」と表現します。

原子番号は陽子の数をもとにつけられたので、原子番号＝陽子の数です。原子が電気的に中性の場合（つまりイオンではないとき）は、陽子の数＝電子の数です。周期表では、陽子の数によって原子番号1番の水素Hから2番のヘリウムHe、3番のリチウムLi……と順番に並べられています。

原子番号43番のテクネチウムTc、61番のプロメチウムPm、それと95番のアメリシウムAm以降の元素は、人工的に合成されたもので天然には存在しません。

現在では118番まである周期表はすべて元素記号で埋まっていますが、周期表の原型が作られた150年前には63種類の元素しか知られていませんでした。その後、新元素が発見されたり、人工的に作られたりして周期表の空欄が埋まっていきました。2016年には113番のニホニウムNh、115番のモスコビウムMc、117番のテネシンTs、118番のオガネソンOgの4種類が新元素として認定され、周期表が118番まで埋まったのです。113番のニホニウムNhは日本の理化学研究所が世界で初めて作りだした元素です。

さて、原子の質量について見てみると、陽子と中性子は質量が同じです。両者の数を足したものを原子の**質量数**といいます。電子の数を足さないのは、電子の質量が陽子と中性子の質量に比べて1840分の1ととても小さく、無視できるからです。

各原子を表記するとき、ひとつずつ**図1-1**の原子構造を書くのは大変なので、**元素記号**を使って次のように表します。

$^{4}_{2}\mathrm{He}$
ヘリウム

左下の数字は原子番号を示し、ヘリウム He が 2 番（つまり陽子と電子の数が 2 個ずつ）であることを表します。左上の数字が質量数を示し、この He が 4 である（つまり中性子は 4－2＝2 で 2 個）ということを表しています。

さて「原子」と「元素」という、似ているけれどもちょっと違う言葉が出てきました。原子は粒に着目した呼び方で、**元素**は種類に着目した呼び方です。原子構造とはいいますが、元素構造とはいいませんし、元素記号とはいいますが原子記号といわないのはこれが理由です。

ところで、中性子の数はそれぞれの原子で決まっているわけではありません。たとえば、天然に存在する水素原子は、原子核が陽子 1 個だけからなる $^{1}\mathrm{H}$ が大部分を占めますが、陽子 1 個と中性子 1 個からなる重水素 $^{2}\mathrm{H}$ や、陽子 1 個と中性子 2 個からなる三重水素（トリチウム）$^{3}\mathrm{H}$ もごく少量存在しています。

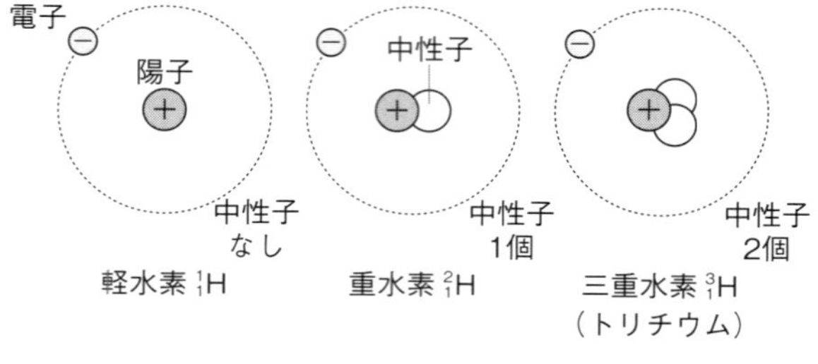

図1-2　水素の同位体

このように、原子番号が同じで、質量数の異なる原子同士の関係を互いに**同位体**といいます。同位体は質量が異なるだけで、化学的性質は変わりません。ほとんどの元素には同位体が存在しますが、その中には、放射線を放って他の原子に変化するものがあり、これを**放射性同位体**といいます。

電子を並べる「決まり」とは

原子番号が増えていくと、**図 1-1** の原子構造はどう変化していくでしょうか。原子核は陽子と中性子が増えていくにつれて大きくなっていくだけですが、電子はその数が増えていくにつれて、原子核のまわりに「決まり」にしたがって並びます。

電子には、「正の電荷をもつ原子核になるべく近づきたい」という性質と、「他の電子とは負の電荷同士で反発するので、なるべく離れていたい」という相反する性質があります。この相反する性質を両立させるために、電子は原子核のまわりの**電子殻**と呼ばれる場所に規則的に並んでいきます。この並び方の「決まり」を**電子配置**といいます。いったいどのような「決まり」なのでしょうか。

電子殻は原子核に近いものから順にK殻、L殻、M殻、N殻……と呼ばれています。余談ですが、A殻ではなくK殻から始まっているのには理由があります。最初に電子殻が発見されたとき、さらに内側にも電子殻があるかもしれないと考え、アルファベットの真ん中あたりにあるK殻から始めておけばいいだろうと命名しました。しかし実際は

K 殻がいちばん内側の電子殻だった、というわけです。

各電子殻に入る電子の最大数は K 殻が 2 個、L 殻が 8 個、M 殻が 18 個、N 殻が 32 個と決まっています。電子は負に帯電し、原子核は正に帯電しているので、電子はなるべく原子核に近い場所に存在しようとします。そのため、電子は内側の K 殻から順番に収納されていきます。

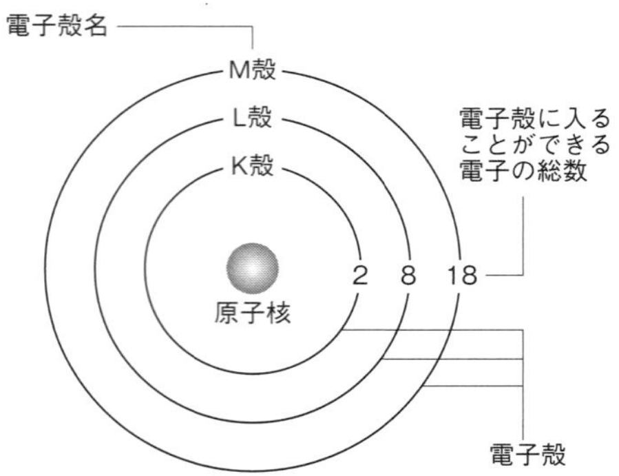

図1-3　原子の電子配置

原子番号 1 番の水素 H から 18 番のアルゴン Ar までの電子配置を、もっとも外側の電子殻である最外殻の電子の数が等しいものが縦に並ぶように表にすると**図 1-4** のようになります。このときの最外殻電子のことを**価電子**といい、価電子の数が元素の性質を決める重要な役割を果たすので覚えておいてください（ヘリウム、ネオン、アルゴンの価電子の数が 0 になっている理由は第 2 項で説明します）。

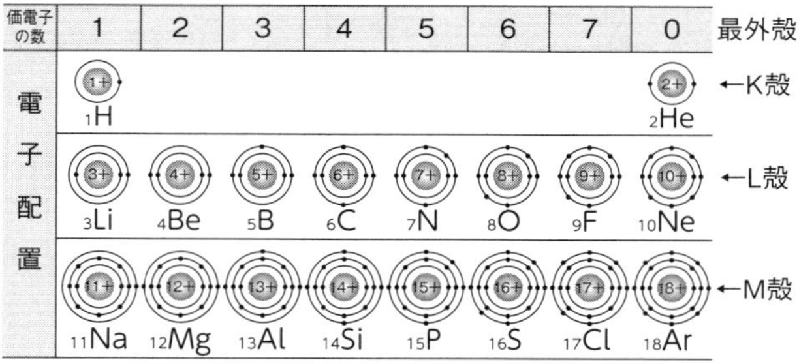

図1-4　水素Hからアルゴン Arまでの電子配置

この**図1-4**と周期表を見比べてみます。周期表では、ベリリウム Be とホウ素 B、マグネシウム Mg とアルミニウム Al の間が大きく開いていますが、それを除けば並び方がまったく同じです。つまり、周期表での元素の並び方は電子配置を表していたのです！

周期表は縦の列のことを左端から1族、2族、3族……といいますが、1族は価電子数が1個の元素が、2族は2個の元素、13族は3個の元素が並んでいます。また周期表の横の行のことを上から第1周期、第2周期……といいますが、第1周期はK殻、第2周期はL殻、第3周期はM殻が最外殻の電子殻になる元素が並んでいたのです。

しかしアルゴン Ar 以降の元素では話は単純ではありません。本来M殻は電子が18個まで入るので、カリウムKはK殻に2個、L殻に8個、M殻に9個の電子が、カルシウム Ca はM殻に10個の電子が入るはずです。ところが、周期表を見るとカリウムは1族のナトリウムの下に、カルシウムは2族のマグネシウムの下に来ています。これは、カリウムは価電子が1個、カルシウムは価電子が2個ということを表しています。じつは、M殻に8個電子が入ると、まだM殻にはあと10個電子が入るにもかかわらず閉殻という安定な状態になり、9個目と10個目の電子はN殻に入るのです。

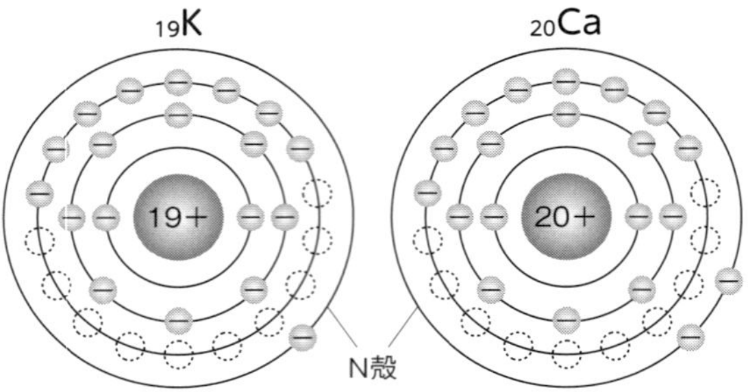

図1-5　カリウムとカルシウムの電子配置

カルシウムの次、原子番号21番のスカンジウムScではどうなるでしょう。N殻に11個目の電子が入るのかな……と思いきや、11個目は再び内側に戻ってM殻に入ります。

周期表を見ると、スカンジウムScから原子番号30番の亜鉛Znまで10個の元素があって、この部分はその前の第2周期と第3周期では空白になっています。その次の原子番号31番のガリウムGaはアルミニウムの下に来ています。つまり、スカンジウムScから亜鉛Znまでは電子がN殻に2個入ったあとで、再びM殻に電子が入っていき、亜鉛ZnでM殻が電子で満たされると、ガリウム

Ga で N 殻に電子が入りだす、ということを表しているのです。

元素を調べれば年代がわかる

同じ元素でも、中性子の数の違いから同位体が存在するという話をしました。じつはこの同位体が考古学の分野で利用されています。発掘作業によって、過去の人間や動物の骨が発見された場合、放射性同位体 ^{14}C がどれくらい残っているかを調べると、それが何年前に地中に埋まったのかを知ることができるのです。それはなぜでしょうか？

自然界では ^{12}C が 98.9％、^{13}C が 1.1％存在していますが、ごくわずかに ^{14}C も存在しています（炭素原子 1 兆個につき 1 個の割合）。この ^{14}C は放射性同位体で、時間がたつと中性子 1 つが陽子と電子に分裂し、^{14}N に変化します（質量数は変化しませんが、陽子が増えるので原子番号が 1 つ増えます）。このままでは時間がたつと、^{14}C はすべてなくなってしまうはずですが、大気中では宇宙線の作用により ^{14}N が ^{14}C になる変化が絶えずおこっているので、^{14}C の割合は一定に保たれています。

大気中で ^{14}C ができると、ただちに周囲の酸素と結合して二酸化炭素となります。植物は光合成する際に大気中の二酸化炭素を吸収し、その植物を動物は食べるので、生物の体内には大気と同じ割合の ^{14}C が存在します。

しかし、植物が枯れたり、動物が死んだりすると、外界からの ^{14}C の吸収が途絶え、体内の ^{14}C は壊れて減り続けます。放射性同位体が減り続けて量が半分になる時間を半減期といい、^{14}C は5730年です。つまり、遺物に残る ^{14}C の割合を調べれば、その動植物が死んだ年を推測できるのです。たとえば、遺跡に残された人骨の ^{14}C の濃度が、自然界の ^{14}C の濃度の8分の1ならば、その人骨は約1万7000年前に死亡した人間のものだとわかるのです。

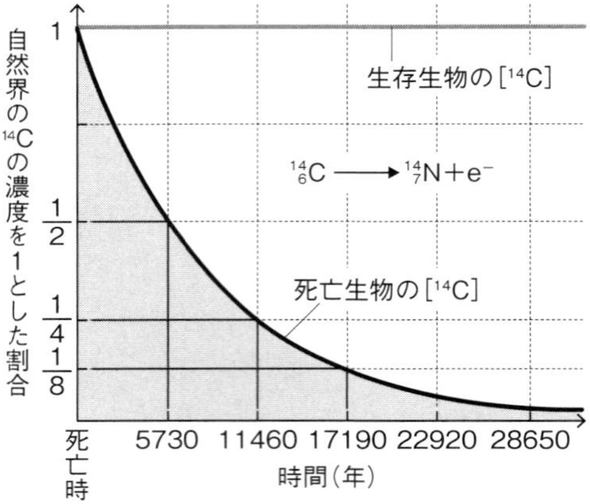

図1-6　^{14}C による年代測定

ただし、この方法にも弱点があって、6万年よりも古い時代では ^{14}C が完全になくなってしまい測定することができません。

2 イオンって何？
陽イオンと陰イオン、イオン結合

ナトリウムイオンやカルシウムイオンなど、イオンという言葉はよく耳にします。ではイオンとはいったいどういうものなのでしょうか。また、物質を構成する粒子として最小のものは原子ですが、イオンとの違いは何でしょうか。

ポイント

❶原子が電子を放出すると陽イオンになり、受け取ると陰イオンになります。

❷原子 X が電子を 1 つ失った状態を X^{+} と書き、これを 1 価の陽イオンといいます。2 つ失った状態を X^{2+} と書き、これを 2 価の陽イオンといいます。このように、電子をやり取りした数が価数で、原子の右上に数字と＋もしくは－をつけて表します。

❸ある原子がどんなイオンになるのか、もしくはイオンになりにくいのかは、その原子が周期表のどの位置にあるのかによって決まります。

❹陽イオンと陰イオンがプラスとマイナスで引き合う力（クーロン力）で結びつくことをイオン結合といい、イオン結合によってできた結晶をイオン結晶といいます。

ほとんどの原子はくっつき合っている

周期表にある元素のうち、私たちが一般的に生活する世界で1粒ずつ原子のままの姿で存在するのは、18族のグループであるヘリウムHe、ネオンNe、アルゴンArなどわずかな元素だけです。このグループの元素はとくに**希ガス**という名前で呼ばれています。

これ以外の原子は、必ず他の原子とつながっている状態で存在しています。希ガスが1粒ずつの姿で存在できるのは、最外殻電子の数が8個で**閉殻**と呼ばれる安定な状態になっているからです（ヘリウムHeだけは最外殻の電子殻がK殻なので例外的に2個で閉殻）。

その反対に、もとから閉殻ではない希ガス以外の元素は、閉殻になるためにいろいろな手段をとっています。その中でも、この項では「**イオン**になる」という手段について紹介します。

電子を失って陽イオンになる

ナトリウムNa原子では、K殻に2個、L殻に8個、最外殻のM殻に1個の電子が配置されています。この最外殻電子1個が放出されると、その電子配置は希ガスのネオンNeと同じ閉殻になって安定になれます。このため、単体のナトリウムNaは、空気中の酸素や水蒸気と大変反応しやすく、空気中に放置しておくと、まわりにある酸素や水蒸気に電子1個を無理やり押しつけて閉殻になろうとします。こうして電子1個を失うことを、ナトリウムNaが1価の**陽イオン**になったといい、元素記号を使うとNa^+と書きます。

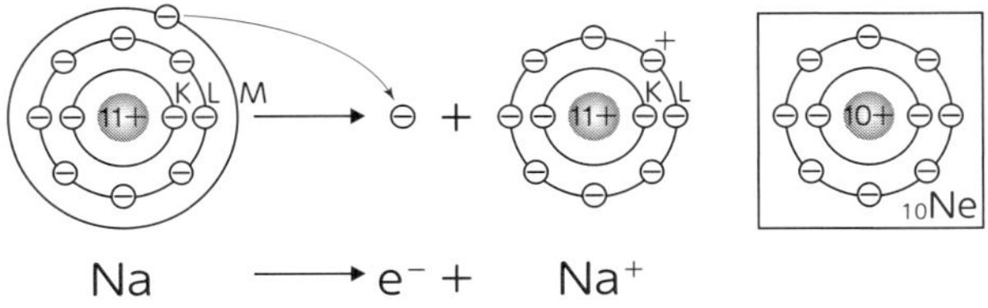

ナトリウムは大変身近な元素ですが、身のまわりにあるナトリウムはすべてナトリウムイオンの形で存在しています。単体のナトリウムは自然界には存在せず、すべて人工的に作られたものなのです。周期表の1族には価電子が1個の元素が並んでいるので、ナトリウムNaの他にリチウムLiもカリウムKも1価の陽イオンに変化しやすく、これらの元素の単体も自然界には存在しません。

同様に2族には価電子が2個の元素が並んでいるので、2価の陽イオンに変化しやすく、13族には価電子が3個の元素が並んでいるので、3価の陽イオンに変化しやすいという性質があり、やはりこれらの単体も自然界には存在しません。

アルミニウムやマグネシウムの単体であるアルミホイルやマグネシウムリボンは人間が人工的に作り出したものなのです（では、そんな陽イオンになりやすい元素の単体をどうやって人類は手に入れたのでしょうか。その方法は第17項で紹介しています）。

3～12族の元素も陽イオンにはなりますが、族の番号と同じ価数の陽イオンになるというように単純ではなく、

2価を中心としてさまざまな価数の陽イオンになります。これは、第1項で説明したようにN殻にある価電子が2個のまま、1つ内側のM殻に電子が入っていくからです。

電子をもらって陰イオンになる

塩素Cl原子では、K殻に2個、L殻に8個、最外殻のM殻に7個の電子が配置されています。このM殻に、さらに1個の電子が入り込むと、電子配置が希ガスのアルゴンArと同じ閉殻となり安定します。こうして電子1個を取り込むことを、塩素Clが1価の**陰イオン**になったといい、元素記号を使うとCl^-と書きます。

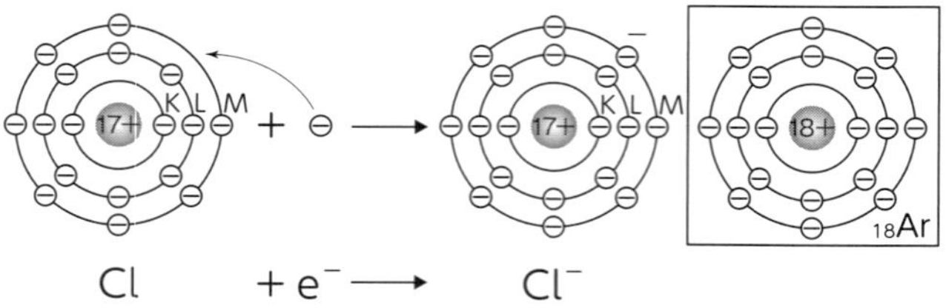

周期表の17族は、価電子が7個の原子が並んでいるので、Clだけではなく、フッ素Fも臭素Brも1価の陰イオンに変化しやすい性質があります。同様に、16族には価電子が6個の原子が並んでいるので、2価の陰イオンに変化しやすいのです。

ここまでで1～13族の元素は陽イオンになりやすく、16、17族の元素は陰イオンになりやすいことがわかりました。では、その間の14、15族の元素はどのようにして閉殻になっているのでしょうか。詳しくは次の項で紹介します。

また、イオンにはナトリウムイオン Na^+、塩化物イオン Cl^- などの**単原子イオン**以外に、硫酸イオン SO_4^{2-}、水酸化物イオン OH^-、アンモニウムイオン NH_4^+ のように原子が2個以上結びついた集まり（原子団）が全体としてイオンになる、**多原子イオン**というものもあります。

陰と陽でペアになる——イオン結合

私たちの日常では陽イオンだけ、陰イオンだけが単独で存在することはありません。陽イオンだけで存在するということは、放出した電子が消えてしまうというおかしなことになるからです。陽イオンが存在するということは、必ず放出した電子を受け取って陰イオンになっている相手がいるわけです。

たとえば塩化ナトリウム NaCl では、Na がもっている価電子1個を塩素 Cl に渡すことによって、どちらの原子も閉殻になります。閉殻になった状態でナトリウム Na は陽イオンになり、塩素 Cl は陰イオンになっているので、この Na^+ と Cl^- の2種類の粒子はお互いプラスとマイナスで引き合う力でくっついて、**図 2-1** のように規則正しく配列してイオン結晶と呼ばれる固体になります（粒子が規則正しく並んだ固体を結晶といいます）。このプラスとマイナスで引き合う力をとくに**クーロン力**といい、こうした結合の種類を**イオン結合**と呼びます。

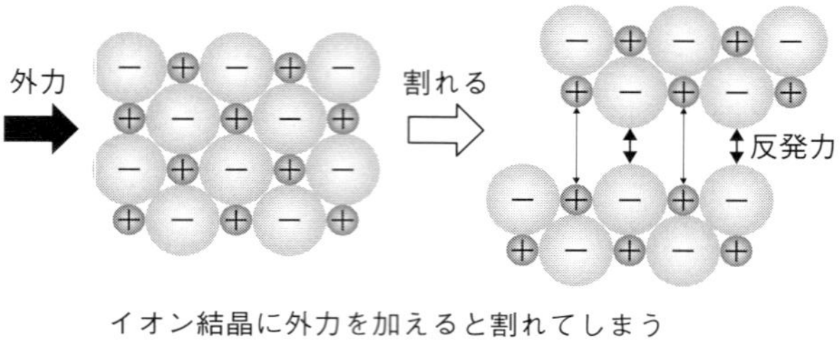

図2-1　NaClのモデル図（大きい粒のほうがCl^-）
イオン結晶に外力を加えると割れてしまう

イオン結晶はクーロン力で強く結びついているため、固体から液体の状態にするには、クーロン力に逆らって粒子が自由に動けるだけの熱エネルギーを与える必要があるため、高い温度が必要です。また、固いけれども金づちなどで強い力を加えると、たんに割れるだけでなく、粉々になってしまいます。結晶中では陽イオンと陰イオンが規則正しく並んでいますが、この配列が少しでもずれると、こんどは同種のイオン同士が互いに向きあって反発してしまうからです（**図 2-1**）。

イオン結晶のうち、水に溶けるものは、溶けたときに陽イオンと陰イオンに電離するので、とくに**電解質**と呼ばれます。

陽イオンと陰イオンは、電荷の総和が0、つまり電気的に中性になるようにイオン結合するので、陽イオンと陰イオンの数の比は**表 2-1** のように1つに決まります。この化学式を**組成式**といいます。

表2-1　イオン結合でできた物質の組成式

陰イオン ＼ 陽イオン	Cl^- 塩化物イオン	OH^- 水酸化物イオン	O^{2-} 酸化物イオン	SO_4^{2-} 硫酸イオン
Na^+ ナトリウムイオン	$NaCl$ 塩化ナトリウム	$NaOH$ 水酸化ナトリウム	Na_2O 酸化ナトリウム	Na_2SO_4 硫酸ナトリウム
Ca^{2+} カルシウムイオン	$CaCl_2$ 塩化カルシウム	$Ca(OH)_2$ 水酸化カルシウム	CaO 酸化カルシウム	$CaSO_4$ 硫酸カルシウム
Al^{3+} アルミニウムイオン	$AlCl_3$ 塩化アルミニウム	$Al(OH)_3$ 水酸化アルミニウム	Al_2O_3 酸化アルミニウム	$Al_2(SO_4)_3$ 硫酸アルミニウム

イオンの名前のつけ方には、ちょっとした決まりがあります。単原子陽イオンはそのまま元素名のあとに「イオン」をつけて呼びます（例：Na^+ ⇒ナトリウムイオン、Mg^{2+}⇒マグネシウムイオン）。これに対して単原子陰イオンは元素名を変化させて「○○化物イオン」と呼びます（例：Cl^-⇒塩化物イオン、S^{2-}⇒硫化物イオン）。多原子イオンについては独自の名称で呼びます（SO_4^{2-}⇒硫酸イオン、OH^-⇒水酸化物イオン、NO_3^-⇒硝酸イオン、CO_3^{2-}⇒炭酸イオン、NH_4^+⇒アンモニウムイオン）。

イオンからなる化合物を組成式で書くときには、陽イオンを書いてから陰イオンを書き、読むときは後ろの陰イオンから読みます（ややこしいですね）。このときに陰イオンの名前から「物イオン」を取ります。

また、陽イオンと陰イオンがお互いの電荷を打ち消す割合で集まります。たとえば塩化物イオン Cl^- とマグネシウ

ムイオン Mg^{2+} からなる化合物では、まず Mg を先に書いて、Cl を後に書きます。Mg^{2+} は 2 価の陽イオンなので、これとつりあわせるためには 1 価の陰イオンである Cl^- が 2 倍必要です。

$$Mg^{2+} + 2Cl^- \rightarrow MgCl_2$$

よって組成式は $MgCl_2$ と書き、塩化物イオンの「物イオン」をとって塩化マグネシウムと読みます。

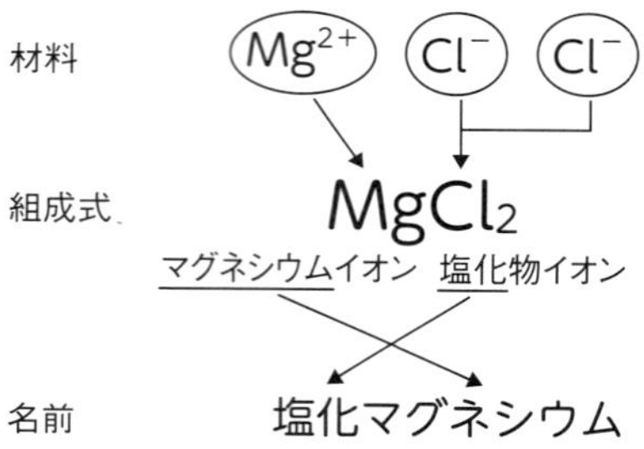

また、硫酸アルミニウム $Al_2(SO_4)_3$ のように多原子イオンが相手のイオンの複数倍あるときはカッコをつけます（もし、Al_2SO_{43} とすると、O 原子が 43 個あるのと勘違いされてしまいますね）。

「マイナスイオン」は化学では使わない

マイナスイオンが健康によいという話題をよく聞きますが、「マイナスイオン」という言葉は化学に限らず科学の世界では一切使いません。この本でも「マイナスイオン」ではなく「陰イオン」で統一しています。

英語では陰イオンのことは“anion”といい、負に帯電したイオンという意味で“negative ion”という言葉も使われています。陰イオンという用語は後者を日本語に訳したもので、“minus ion”つまりマイナスイオンという言葉は英語には存在せず、日本でしか通用しない和製英語なのです。同様に英語では陽イオンのことは“cation”もしくは“positive ion”といい、“plus ion”という言葉は使いません。

そして、当然ながらマイナスイオンならぬ陰イオン、プラスイオンならぬ陽イオンだけが単独で存在することはありません。陰イオンが存在するということは、必ず近くに陽イオンが存在して電気的に中性になっているはずです。

塩化ナトリウム NaCl では Cl^- の隣には必ず Na^+ が存在します。コップの水に溶かせば、Cl^- と Na^+ に電離しますが、コップ全体で見たら Cl^- と Na^+ は必ず同じ数で存在するので、陰イオンだけを取り出すことはできません。また、雷のように空気に大きな電圧をかけると通常電離しない酸素分子や窒素分子など、イオン結合でできていない物質も陽イオンと陰イオンに電離することがありますが、電離しているのは一瞬ですし、そもそも陰イオンだけを取り出すなんてことはとてもできることではありません。

世の中にはマイナスイオン以外にも、科学の世界から見たら間違っている、間違っていると言い切れなくても紛らわしい言葉がたくさんあふれているので、正しい知識を身につけることが大切です。

3 原子のつながり方
共有結合、金属結合

第２項で触れたとおり、世の中に存在する物質で原子が１粒ずつ独立して存在するものは、ヘリウム He などの希ガスしかありません。希ガス以外の物質は複数の原子が結合して存在しています。そのひとつの方法がすでに紹介したイオン結合ですが、それ以外にも２つの電子を２個の原子で共有する共有結合、金属原子同士の結合方法である金属結合があり、結合の仕方が物質の性質を決めています。

ポイント

❶２個の原子がお互い価電子を１つずつ出しあって電子対を作り、この電子対を２個の原子が共有することによってできる結合を共有結合といいます。

❷共有結合に使われている共有電子対が、どちらかの原子側に偏って存在しているとき、この結合を極性のある結合といいます。

❸分子全体で電荷の偏りがないものを無極性分子、電荷の偏りがあるものを極性分子といいます。

❹金属が熱や電気を伝えやすいのは、最外殻の電子殻をすべての原子で共有し、価電子が自由電子としてすべての原子の間を自由に動けるからです。

共有電子対と共有結合

第2項で、イオンとは閉殻になるために電子をやり取りした結果できたもので、陽イオンと陰イオンが結合したものがイオン結合だというお話をしました。しかし、水素や塩素はH_2やCl_2という分子の形で存在します。これはイオン結合の考え方では説明できません。しかし、H_2やCl_2が安定に存在しているということは、HやClは閉殻になっているはずです。この矛盾をうまく説明できるのが、**共有結合**という考え方です。

塩素分子Cl_2を例に考えてみましょう。塩素分子Cl_2では、片方の塩素原子Clが電子をもらって陰イオンになったとすると、もう片方は陽イオンになってしまい、閉殻になれません。そこで、塩素分子Cl_2では価電子数を8個にするために、お互いの電子を1個ずつ出しあい、あわせて2個をお互いの原子が自分の電子として二重にカウントしているのです。

この様子を表したのが**図3-1**です（それぞれの塩素原子Clの価電子を●と○で表しています）。右側のように原子のまわりに最外殻の電子殻を表す円を書くと、電子がちょうど8個揃うかたちになります。塩素原子Clの間にある2個の電子は、両方の塩素原子Clに所属しているものとして二重にカウントされていることが図からもわかります。

こうすれば、お互いの原子がまるで閉殻になったかのようにふるまうことができます。このとき、二重にカウントされているペアの電子を**共有電子対**といい、共有電子対によってできる結合を共有結合、共有結合によってできているひとまとまりの原子の集団を**分子**といいます。

図3-1　塩素分子Cl_2の共有結合の様子

周期表の14族、15族の原子は、価電子の数が4個ないし5個あります。電子を放出するのも受け取るのも数が多く、イオンになるのは大変ですが、共有結合を作れば簡単に閉殻になることができます。

化学では、共有電子対を1本の線で表します。**図3-1**の塩素分子Cl_2では、ClとClの間にある●と○が共有電子対なので、これを1本の線で表し、Cl−Clと表します。これを**構造式**といいます。共有結合している物質のうちよく出てくる窒素N_2、酸素O_2、メタンCH_4、二酸化炭素CO_2の共有結合の様子と構造式は次のようになります。

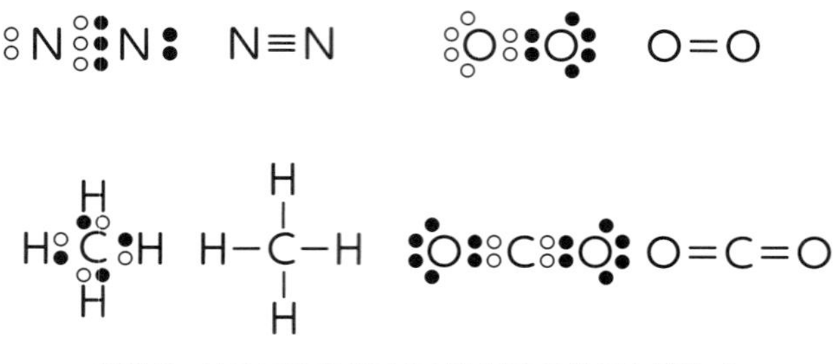

図3-2　いろいろな分子の共有結合の様子と構造式

ここまでで、塩素分子Cl_2は共有結合でできている分子、塩化ナトリウムNaClはイオン結合でできているイオン結晶であることがわかりました。イオン結晶は陽イオンと陰イオンがたくさん集まってできているので、Cl_2 のようにひとつの独立した粒になっているのではありません。よって、イオン結合からなる物質は分子とはいわないのです。

極性分子と無極性分子

共有結合とイオン結合の違いがわかったところで質問です。塩化水素 HCl は分子とイオン結合のどちらでしょうか？

塩化水素 HCl は室温で気体なのでイオン結合ではなく、分子であることがわかります。これを結合の面から見てみます。

水素 H の価電子を●で表し、ナトリウム Na の価電子を▲で表し、塩素 Cl の価電子を○で表したとき、Cl_2、NaCl、HCl の結合の様子を表すと次のようになります。

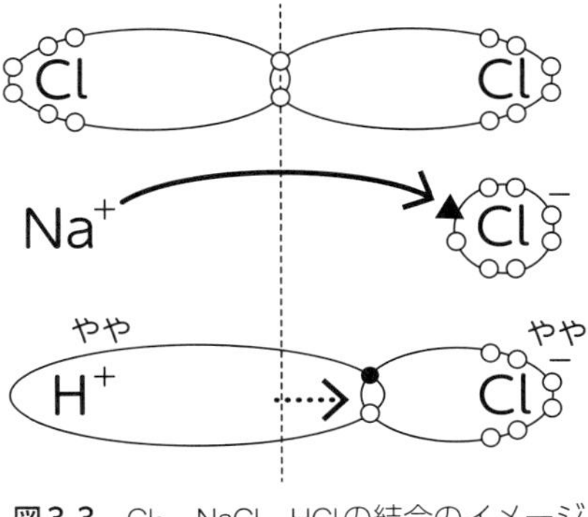

図3-3　Cl_2、NaCl、HClの結合のイメージ

塩素分子 Cl_2 は、共有電子対が原子と原子の真ん中にあ

り、電子対を二重にカウントしている共有結合です。塩化ナトリウム NaCl は、ナトリウム Na の価電子が完全に塩素 Cl に移っているイオン結合です。

さて塩化水素 HCl ですが、H 原子と Cl 原子がそれぞれ閉殻になるために、真ん中にある電子対を共有電子対として二重にカウントしており、共有結合でできた分子であることがわかります。

しかし、H 原子は電子を１つ放出しても H^+ で安定になり、電子を１つ受け取っても閉殻で安定になれるのに対し、Cl 原子はあと１つ電子を受け取れば閉殻になれるので、Cl 原子のほうが共有電子対を引きつける力が強く、共有電子対はやや Cl 原子側によっています。このとき「水素 H に比べて塩素 Cl は**電気陰性度**が大きい」という言い方をします。電気陰性度は、共有電子対を引っぱる力の大きさを表す値です。

つまり、塩化水素 HCl は共有結合ですが、イオン結合の性質もある程度はある、といえるのです。水に溶けると H^+ と Cl^- に電離するという点もイオン結合の性質です。このため H 原子は陽イオンにはなっていませんが、ややプラス（＋）に帯電し、Cl 原子も同様に陰イオンにはなっていないものの、ややマイナス（－）に帯電しています。

このように、共有電子対に偏りがあることを「**極性**がある」といい、分子全体として極性をもつ分子を**極性分子**といいます。「分子全体として」と断ったのは、たとえば**図 3-2** の二酸化炭素分子 CO_2 の場合、C＝O 間の共有結合では共有電子対は酸素 O の側に偏っていて極性がありますが、炭素Cの両側に同じ共有結合があるために、全体では極性がなくなります。綱引きにたとえると、両側の酸素原子Oが同じ力で引っ張り合い、全体として綱が動いていない状態といえます。これが二酸化炭素分子CO_2が無極性分子である理由です。

原子が閉殻になるために結合する方法には、イオン結合と共有結合の2つがありますが、塩化水素HClのように、共有結合でありながらイオン結合の性質をもつ極性分子もあるというわけです。

電子が自由に行き交う金属結合

共有結合の特殊な形と考えられるものが**金属結合**です。この金属結合を鉄Feを例にして考えてみます。Fe原子は価電子を2個もちますが、単体の鉄では、Fe原子は最外殻の電子殻を**図3-4**で示したように、すべての原子で共有しているのです。

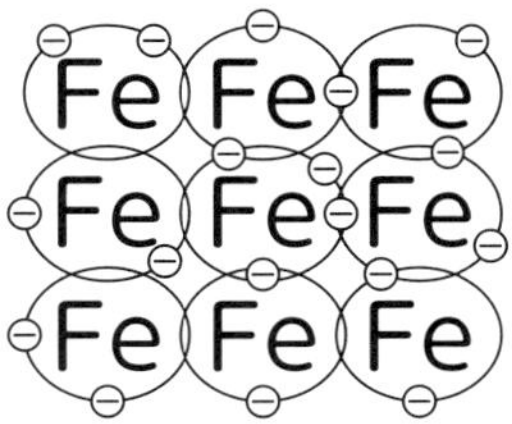

図3-4　金属結晶Feのモデル（⊖が価電子）

⊖で表した価電子は、すべてのFe原子に共有されているので、価電子は自由にFe原子間を移動することができます。この価電子が電気を流したり、熱を伝えるので、金属は電気や熱をよく伝える性質があるのです。金属結合の場合、価電子をとくに**自由電子**といいます。

金属結合は、共有結合が結晶全体に広がっているものと考えることができます。原子には、イオン結合のようにプラス、マイナスの区別がないので、強い力を加えても割れることなく銅線のように伸ばしたり、金箔のように広げたりすることができます。金属も、イオン結合と同様に原子の集合体なので、独立した粒にはなっていません。よって、金属結合からなる物質も分子とはいいません。

もろい結晶、硬い結晶

二酸化炭素と二酸化ケイ素の固体の状態について考えてみましょう。固体の状態とは、二酸化炭素 CO_2 ならドライアイス、二酸化ケイ素 SiO_2 なら石英（水晶）のことです（ガラスも二酸化ケイ素からできていますが、ガラスは原子が不規則に並んでいる非結晶という状態なので、ここでは原子が規則正しく並んだ結晶である石英を取り上げます）。

化学式で書くと CO_2 と SiO_2 で、どちらの化合物も 14 族の元素と酸素の化合物であり、似ています。ところが、ドライアイスは－79℃以上で気体の二酸化炭素になるもろい固体なのに、石英はとても硬く、1500℃を超える温度にならないと融解しません。なぜこれほど性質が違うのでしょうか。

じつはドライアイスは CO_2 を構成粒子とする分子結晶で、粒子同士は分子間にはたらくごく弱い力で引き合っているだけです。この力をファンデルワールス力といいます。これに対して石英は原子を構成粒子とする共有結合の結晶で、粒子同士は共有結合で強く結びついています。模式図で原子同士の結合の様子を見てみましょう。

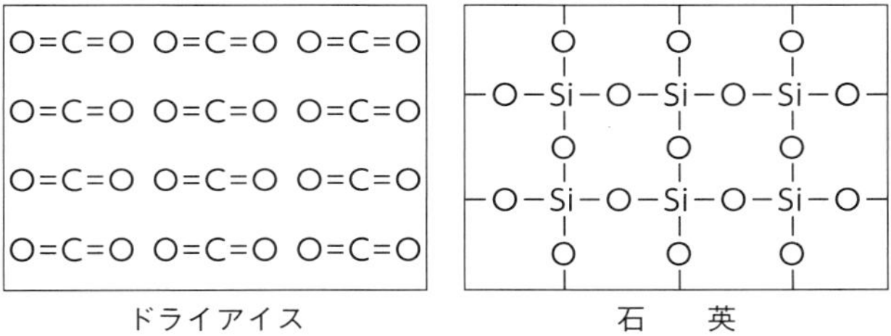

図3-5　ドライアイスと石英の結晶の様子

ドライアイスが低い温度で昇華してしまうのは、CO_2分子がファンデルワールス力でしか結びついていないからです。一方、石英の融点が高いのは、この強い共有結合の結びつきをたくさん切らなくてはいけないからなのです。

また、CO_2は分子ですが、SiO_2は独立した粒になっていないので、金属結合のときと同様に分子とはいいません。SiO_2のような原子すべてが共有結合で結びついている結晶の例として、ダイヤモンドがあります。

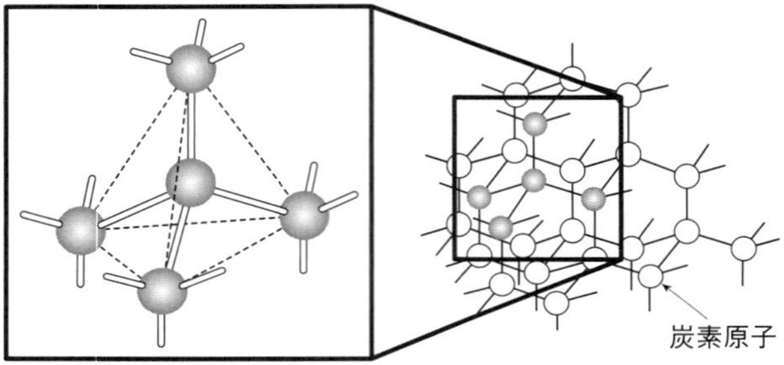

図3-6　ダイヤモンドの結晶の様子

化学式で見ると似ている化合物でも、原子レベルの結合まで考えるとまったく別の物質だということがわかりますね。

4 化学に出てくる特殊な単位
モルとモル濃度

原子量という言葉は聞いたことがありますか。原子の質量？　もし質量なら「g」などの単位がついているはずですね。でも原子量には単位はありません。化学の分野には他にも物質量、分子量、式量、モル濃度など、特殊な数値がたくさん出てきます。それぞれどんな違いがあるのかをひもといていきましょう。

ポイント

❶原子は小さく、質量も小さいので、6.02×10^{23} 個をひとまとまりの単位として扱います。この単位がモル（mol）で、6.02×10^{23} をアボガドロ定数と呼びます。

❷原子を 1 mol 集めたときの質量は原子量に g をつけた値、分子を 1 mol 集めたときの質量は、分子を構成する各原子の原子量の和に g をつけたものになります。

❸原子量は、たとえば炭素原子 C では 12.01 のように整数にはなっていません。これは ^{12}C 以外にも ^{13}C、^{14}C という同位体が存在するからです。

❹ CO_2 では分子量が 44 といい、NaCl では分子量とは言わずに式量が 58.5 といいます。分子式で表すものは分子量といい、組成式で表すものは式量といいます。

原子量って何？

周期表には、元素記号の左下に原子番号が書かれていますが、これ以外に整数ではない数字がもうひとつ元素記号の上にあります。たとえば、炭素を周期表で見ると、

12.01
$_{6}C$
炭素

となっていますが、この 12.01 という数字が**原子量**です。

数ある元素を、その質量で比べることができたら便利ですね。ところが、原子 1 個の質量をグラムで表すと、たとえば陽子が 6 個、中性子が 6 個ある炭素 ^{12}C の 1 粒の質量は 1.9926×10^{-23}g です（元素記号の左上の数字は陽子と中性子の数を足したものでしたね）。当然ですが、とても小さいのでこのまま扱うには不便です。

そこで、この ^{12}C 原子 1 粒の質量を 12 として、他の原子の質量を相対的に表せばよい、ということになりました。これが**相対原子質量**です。たとえば水素 ^{1}H の相対原子質量は 1 になり、酸素 ^{16}O の相対原子質量は 16 になります。相対的な値なので、単位はありません。

ところが炭素 C の原子量は 12.01 で、相対原子質量の 12 からわずかにずれています。その理由は、炭素原子には ^{12}C 以外にも、中性子が 1 つ多いため質量が大きい ^{13}C と、中性子が 2 つ多い ^{14}C という同位体が存在するからで

す（同位体に関しては第1項を参照）。

実際には、炭素原子全体のうち ^{13}C の同位体は約1.1％存在します。そこで、その存在比に応じて、相対原子質量を使って計算をしなおします。

$$12 \times 0.989 + 13 \times 0.011 = 12.011$$

12.011という数字が出てきました。これが原子量です（^{14}C はごく微量しか存在しないため、式には入っていません）。

仮に世の中の原子に同位体が存在せず、元素それぞれに1種類の原子しかなければ、相対原子質量＝原子量としていいのですが、現実には元素ごとに同位体が存在します。つまり原子量とは、異なる質量をもつ各原子の同位体の存在比まで考慮した値だったのです。

アボガドロ定数 6.02×10^{23}

実際の原子の質量はたいへん小さく、1粒ずつ扱うのは不可能なので、ある程度まとまったかたまりで扱うほうが便利です。そこで、アボガドロ定数という 6.02×10^{23} 個のまとまりを考えます。このまとまりを物質量といい、単位としてmolをつかって1 molと表し、「イチモル」と読みます。同じものを12個集めると1ダースというように、化学の世界では同じものをアボガドロ定数個（6.02×10^{23} 個）集めると1 molというのです。なぜこんなきりの悪い数字なのかというと、この数だけ原子を集めると、各原子の相対原子質量にそのまま単位のgをつけて扱えるように

なって便利だからです。例えば、^{12}C の炭素原子なら

$$1.9926\times10^{-23}\,\text{g/個}\times6.02\times10^{23}\,\text{個} = 12.0\,\text{g}$$

となって、^{12}C の粒を 6.02×10^{23} 個、つまりアボガドロ数個集めると、相対原子質量に g の単位をつけて扱えることが分かります。ただし、通常「炭素原子 1 mol の質量」といったときは、アボガドロ数個集めた炭素原子の中には ^{13}C という同位体も入っているために、原子量に g の単位をつけて 12.01 g と表します。

では、このアボガドロ定数はいったいどれくらいの大きさなのでしょうか。お米の粒を原子 1 個にたとえて、その大きさを考えてみます。

お米はふつう 1 合、2 合と数えます。お米 1 合は約 150 g です。この 1 合の中に、お米の粒が何粒入っているかを考えます。1 粒 1 粒数えていくのは大変なので、1 g の中にお米の粒が何粒入っているかを数えると、約 50 粒前後なので、1 合（150 g）の中には、

$$50(\text{粒/g})\times150(\text{g})=7500\,\text{粒}$$

が入っていることがわかります。当然ですが、アボガドロ定数にはまったく足りません。そこで 1 合よりも上の単位を考えると、スーパーではお米が 5 kg、10 kg と袋詰めの状態で売っています。そこで 10 kg の袋にお米が何粒入っているかを考えると、

$$50(\text{粒}/g) \times 1000(g/kg) \times 10(kg)$$
$$= 500000\text{粒}$$

やはりまだまだ足りません。そこで日本全国の米の生産量を考えると、2010 年で年間約 850 万トンです。これが米何粒かを考えると、850 万トンは 850×10^7 kg なので、

$$50(\text{粒}/g) \times 1000(g/kg) \times 850 \times 10^7(kg)$$
$$= 4.25 \times 10^{14}\text{粒}$$

だいぶ近づきましたが、やっぱりまだまだ足りません。

この数字を約 14 億倍してやっと 6.0×10^{23} 粒ですから、お米の収穫量が今後一定だとして、約 14 億年も収穫を続けないと 1 mol の米粒にならないのです！　そう考えると、アボガドロ定数とはものすごく大きな数だということがわかりますね。

さて、1 mol の原子の質量は、原子量に g をつけたものであるということは説明しましたが、世の中には原子のままで存在するものはほとんどありません。たとえば二酸化炭素 CO_2 1 mol の質量を求めると、CO_2 1 mol 中に炭素 C が 1 mol、酸素 O は 2 mol あるので、それぞれの原子量を足したものに g をつけて、$12 + 16 \times 2 = 44$ g となります。

このとき、原子量の和として求めた 44 という数字のことを**分子量**といいます。また、塩化ナトリウム NaCl や二酸化ケイ素 SiO_2、銅 Cu などのように、分子ではなく組成式で表すものは、分子量ではなく**式量**といいます。

いろいろな物質1molの質量と体積の例を見ていきましょう。

物質名	1 molの質量	体積
氷(固体)H_2O	18 g	19.6 cm^3
鉄(固体)Fe	56 g	7.9 cm^3
水(液体)H_2O	18 g	18 cm^3
水銀(液体)Hg	200 g	15 cm^3
オクタン(液体)C_8H_{18}	114 g	163 cm^3
酸素(気体)O_2	32 g	22.4 L
水素(気体)H_2	2 g	22.4 L
アルゴン(気体)Ar	40 g	22.4 L

固体では粒子間が接近していて、イオン結合や金属結合、共有結合などでつながっています。液体でも粒子同士は弱く相互作用しているため、固体、液体ともそれぞれの物質で粒子間の距離が異なります。これが体積の違いに影響しています。

一方、気体は粒子が空間を飛び回っているので、粒子間の結合や相互作用は無視することができ、粒子の大きさも気体の体積に比べて非常に小さいので無視できます。そのため気体は種類によらず、1molで22.4Lの体積を占めています（気体は温度や圧力によって体積が変わってしまうので、0℃、1気圧の標準状態での体積です）。

質量パーセント濃度とモル濃度

化学の世界での濃度の表し方について紹介します。

食塩水を例にとると、水のように食塩を溶かしている物質を**溶媒**といい、食塩のように溶けている物質を**溶質**、溶媒と溶質をあわせたものを**溶液**といいます。化学では溶液の濃度は**モル濃度**を使って表します。

私たちがふだん使う濃度の単位は、溶液中に溶けている溶質の割合を百分率（パーセント）で表した**質量パーセント濃度**で、単位に％を用います。この質量パーセント濃度は、日常生活で広く使われていますが、化学反応がおきる場面では不向きなので、代わりに溶液１L中に溶けている溶質の物質量（mol）で表したモル濃度を使用します。溶質が化学反応に関わる場合は、溶質の質量がわかるよりも、その個数がわかるモル濃度のほうが使いやすいからです。モル濃度は「溶液１L中に溶けている溶質の個数を表す」というイメージです。

大きいほど軽くなる!?　相対原子質量の秘密

相対原子質量では、炭素 ^{12}C を基準にしたので、塩素 ^{35}Cl の相対原子質量は 35 ですし、銅 ^{65}Cu の相対原子質量は 65 です。しかしこの相対原子質量を小数第３位まで考えると、塩素 ^{35}Cl は 34.969 になり、銅 ^{65}Cu は 64.928 になります。つまり、原子番号が大きくなるほど、理論的な相対原子質量よりも小さくなっていくのです（この小さくなった質量の分を質量欠損といいます)。この理由は何でしょうか。

まず、原子の構造を考えてみましょう。原子は原子核に陽子と中性子があり、そのまわりを原子核のプラスのクーロン力に引っ張られて、電子が回っているという構造です。しかし、陽子と電子は引き合うのに、原子核にあるプラスの電荷をもつ陽子同士で反発しあい、バラバラにならないのはなぜでしょう。

その答えは、プラス同士反発しあってバラバラにならないように、大きな力が働いているからです。陽子と中性子が集まって安定な原子核を構成するとき、理論的に導き出される質量よりも小さくなり（これが質量欠損です）、この減った質量は原子核がバラバラにならないように結びつけるエネルギーとして使われています。

質量がエネルギーに変換されるというのは、アインシュタインの相対性理論によって導かれた発見です。このことから考えると、陽子の数が増えれば当然反発力も大きくなるので、質量欠損も大きくなるということが導き出されます。

5 化学反応式の作り方

化学反応の量的関係

「水素が燃焼して水になった」という文章は各国の言語により異なりますが、元素記号は万国共通なので、$2H_2+O_2 \rightarrow 2H_2O$ という元素記号を使って表すと世界各国で通じます。また、この化学反応式には、水素の前に2という係数がついています。これは、水素分子 H_2 2つが酸素分子 O_2 ひとつと反応して水分子 H_2O 2つができるということを表しています。つまり、水素が1mol、2.0 gあったときには、酸素が0.5 mol、16 gあれば、完全燃焼して水が1 mol、18 gできるということがわかるのです。

ポイント

❶化学反応を化学式を使って表したものを化学反応式といいます。

❷化学反応式の係数から、化学反応の際に反応する物質の質量の関係を知ることができます。

❸化学反応式から反応に関係したイオンだけを抜き出して表した反応式をイオン反応式といいます。

❹ 0℃、1気圧の標準状態で、反応物と生成物がともに気体の場合は、係数の比は体積の比になります。

化学反応式の読み方、書き方

「水素を燃焼させると、酸素と化合して水が生じる」——このように反応の前と後で物質が異なる反応を**化学反応**といいます。では「水が蒸発して水蒸気になる」という反応はどうでしょうか。水も水蒸気も化学式はH_2Oなので、反応の前と後で物質は変化していません。このような反応は化学反応ではなく、**状態変化**といいます。

では実際に「水素が燃焼すると、酸素と化合して水が生じる」という反応を**化学反応式**で表してみましょう。化学反応式とは、化学反応を化学式を使って表したものです。「**燃焼**する」とは酸素と化合することなので、水素と酸素を左辺に、生成物である水を右辺にそれぞれ化学式で書き、変化の方向を示す矢印で結びます。

$$H_2 + O_2 \rightarrow H_2O$$

続いて、左辺と右辺で原子の数を比較します。化学反応の前後では原子は壊れて消滅したり、新たに生成したりすることはないので、左辺と右辺で原子の数が等しくなければいけません。上の式では、左辺には水素原子が2個と酸素原子が2個、右辺には水素原子が2個と酸素原子が1個あります。右辺と左辺を比べると酸素原子が1個右辺に足りません。そこで右辺のH_2Oの前に係数の「2」をつけます。

$$H_2 + O_2 \rightarrow 2H_2O$$

このとき、係数の2はH_2Oが2個あるということを示すので、H原子は4個、O原子が2個あります。O原子の数は左辺と右辺で等しくなりましたが、こんどはH原子の数が左辺で2個、右辺で4個になってしまいました。そこで、左辺のH_2の前に係数の2をつけます。

$$2H_2 + O_2 \rightarrow 2H_2O$$

これで化学反応式は完成です。

次は上級です。もう少し難しい化学反応式をつくってみましょう。

「炭酸カルシウムに塩酸を加える」

まずはそれぞれを化学式で表します。炭酸カルシウムは$CaCO_3$、塩酸は塩化水素が水に溶けたものなのでHClです。ではこの2つが反応したときに何ができるのでしょうか。まず、$CaCO_3$とHClを陽イオンと陰イオンに分けてみます（$CaCO_3$の陰イオンは、炭酸イオンCO_3^{2-}という多原子イオンであることを思い出してください）。

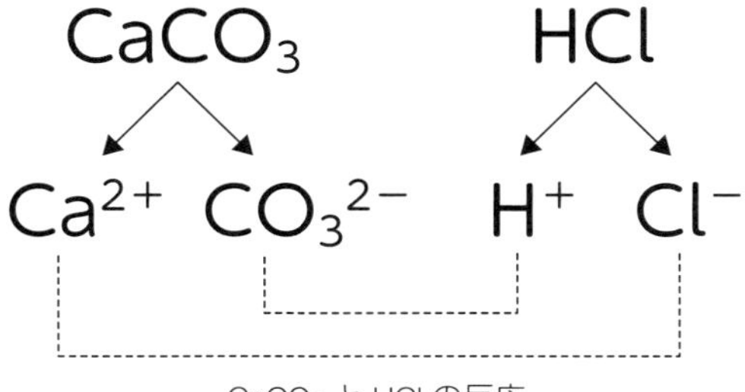

$CaCO_3$とHClの反応

化学反応は原子の組み換えがおこることですから、

$CaCO_3$ と HCl の陽イオンと陰イオンをそれぞれ組み換えてみます。Ca^{2+} と Cl^-、$CO_3{}^{2-}$ と H^+ の組み合わせになります。Ca^{2+} と Cl^- の組み合わせは、＋や－が打ち消しあうようにすると $CaCl_2$ になります。

一方、$CO_3{}^{2-}$ と H^+ の組み合わせは H_2CO_3、と書きたいところですが、そう書くと間違ってはいないのですが、不正確な表現になってしまいます。じつはこの実験を行うと、二酸化炭素 CO_2 の泡が出てきます。CO_2 は水 H_2O に少ししか溶けないので、溶けきれない CO_2 は泡となって空気中に逃げていくのです。つまり、H_2CO_3 と書いてしまうと、発生した CO_2 がすべて H_2O の中に溶けているということを表してしまいます。よって、正しい表現の方法として、CO_2+H_2O というように分けて書きます。ここまでをまとめると次のようになります。

$$CaCO_3+HCl \rightarrow CaCl_2+CO_2+H_2O$$

これに係数をつけて完成です。塩化カルシウム $CaCl_2$ は、実際には水溶液中でカルシウムイオン Ca^{2+} と塩化物イオン Cl^- に電離した状態で存在します。

$$CaCO_3+2HCl \rightarrow CaCl_2+CO_2+H_2O$$

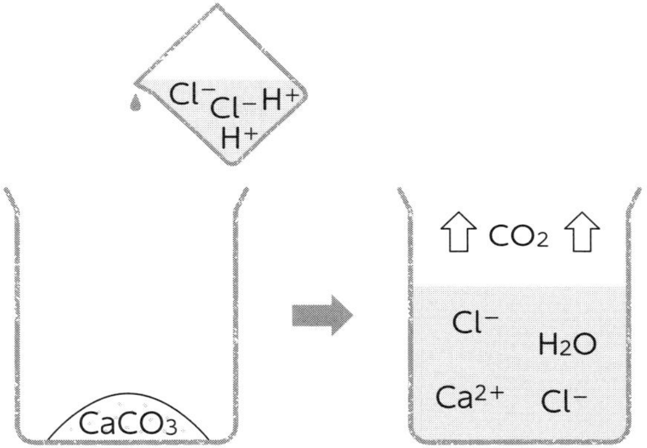

イオン反応式

たとえば、硝酸銀 $AgNO_3$ 水溶液に塩化ナトリウム NaCl 水溶液を加えると、塩化銀 AgCl の白色の沈殿が生じます。これを化学反応式で表すと、

$$AgNO_3 + NaCl \rightarrow AgCl + NaNO_3$$

となりますが、ここにあげた AgCl 以外の化合物は、すべて水溶液中で電離したイオンの状態で存在します。

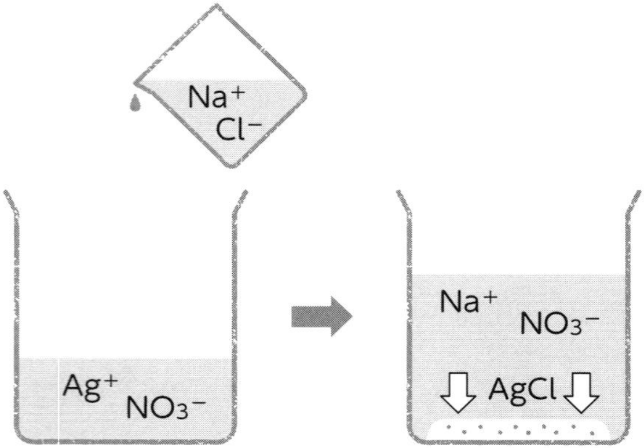

つまり、NO_3^- や Na^+ は、反応の前と後で一切変化していません。この反応で注目すべきことは塩化銀 AgCl の沈殿ができたことなので、硝酸銀 $AgNO_3$ の代わりに硫酸銀 Ag_2SO_4 でも、塩化ナトリウム NaCl の代わりに塩化カリウム KCl でも、AgCl の沈殿ができるということは同じです。このような場合は、以下のように反応に関係したイオンのみを抜き出して反応式をつくったほうが、わかりやすくなります。

$$Ag^+ + Cl^- \rightarrow AgCl$$

これを**イオン反応式**といいます。

化学反応式の量的関係

化学反応式やイオン反応式を使うと、反応物が何グラムずつ反応して、生成物が何グラムできるかを、反応させなくても知ることができます。このように化学反応において、反応物や生成物の質量の関係を**化学反応の量的関係**といいます。

水素が燃焼して水になるという化学反応式を考えてみましょう。

$$2H_2 + O_2 \rightarrow 2H_2O$$

この反応式は、2個の水素分子を燃焼させると、1個の酸素分子と反応し、2個の水分子ができるということを表しています。

燃焼させる水素分子を4個にするとどうでしょう。酸素分子は2個必要になり、水分子は4個できます。では、同じく燃焼させる水素分子を6.02×10^{23}個、つまり1 molにするとどうでしょうか。酸素分子は0.5 mol必要になり、水分子が1 molできることがわかります。つまり、化学反応式の係数は物質量を表しているのです。

また、気体は標準状態（0℃、1気圧）ではその種類にかかわらず1 molで22.4 Lの体積をもつので、化学反応に気体がかかわるときには、係数はそのまま気体の体積比としても使えます。

うなぎを炭で焼くとなぜ美味しい？

焼き鳥やうなぎは、ガスで焼くよりも炭で焼いたほうが美味しく焼けます。この理由を化学反応式で考えてみましょう。みなさんがガスコンロを使うときに出てくるガスは、メタンCH_4です。一方、炭は純粋な炭素Cからなる

黒鉛です。ガスで焼くということは、メタンが燃焼するということなので、

$$CH_4 + 2O_2 \rightarrow CO_2 + 2H_2O$$

という化学反応式で表されます。炭で焼くということは、炭素が燃焼するということなので、

$$C + O_2 \rightarrow CO_2$$

という化学反応式で表されます。この２つの化学反応式の違いは、ガスの燃焼では二酸化炭素と水蒸気が発生するのに対して、炭の燃焼では水蒸気は発生せず、二酸化炭素だけが発生します。

　つまり、炭で焼くとふっくらして美味しくなるのは、燃焼の際に水蒸気が発生しないからなのです。

Part 2

理論化学

身の回りに潜む現象を化学する

試験管を振ったり、加熱して反応させたりという実験も大切ですが、物質を扱うときには性質に着目すればよい場合と、その量まで含めて考える必要がある場合があります。たとえば、酸性かどうかだけを知りたければ、リトマス紙を使えばよいので簡単ですが、酸性の強さを数字で表したい場合は、pHという数値を使った表現法を用いないといけません。また、気体は温めると膨張することはみなさん知っていると思いますが、何℃温度を上げると体積が何％増えるのかは、シャルルの法則に基づいた計算が必要です。このように、数値を使った定量的な扱い方を知ると、化学に対する理解がいっそう深まります。

6 物質の状態を決めるもの

物質の三態——気体、液体、固体

温度が上がると氷が融けて水になり、さらに温度を上げると水が蒸発して水蒸気になります。このように固体の状態から温度を上げると液体になり、さらに温度を上げると気体になります。この変化は固体の鉄や、気体の酸素でも観察できます。このとき、物質を構成する分子やイオンなどの粒子に着目すると、どのように変化しているのでしょうか？　気体、液体、固体という状態について、ミクロの視点で考えます。

ポイント

❶固体は静止しているように見えますが、ミクロの視点で見ると、構成する粒子はわずかに動いています。

❷「蒸発」は、液体から気体に変化するときに使いますが、気体が液体に変化するときや固体が液体に変化するときにもそれぞれ名前がついています。

❸氷は水に浮きます。これは自然界では例外的な現象です。ふつうの物質は、液体が固体に変化すると密度が大きくなるので、固体は液体に沈みます。

原子も分子もつねに振動している

世の中に存在する物質は、温度と圧力を定めると、固体、液体、気体のいずれかの状態をとります。これら3つの状態を**物質の三態**といいます。

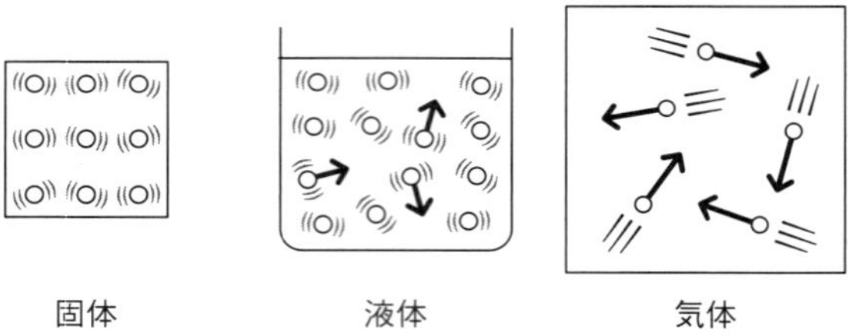

図6-1　物質の三態

固体の状態では、原子や分子、イオンといった粒子は規則正しく配列していますが、完全に動きが止まっているのではなく、規則正しく配列した位置で熱運動により細かく振動・回転しています。固体は形を変えないのでまったく動いていないように見えますが、ミクロの視点で見るとじつは違ったのです。

しかしこの振動・回転も、温度が下がっていくと小さくなっていき、ついには停止します。この熱運動が完全に停止する温度を**絶対零度**といい、−273 ℃です。絶対零度ではすべての粒子の熱運動が停止しているので、あらゆる物質は固体になっています。

温度とは、粒子がどれくらいの速度で熱運動しているかを数値で表したものです。したがって、熱運動が完全に停止してしまう−273 ℃よりも温度が下がることはありえません。

日常私たちが使う「℃（セルシウス度）」という単位は、いちばん身近な物質である水を基準にしており、水が凍りはじめる温度を0℃、沸騰する温度を100℃として決めただけです。そこで化学では、熱運動が停止する−273℃を0として、単位に**K**（ケルビン）を用いた**絶対温度**をメインに使います（0℃＝273 K、100℃＝373 Kです）。

さて、固体を加熱していき、融点以上になると液体に変化します。さらに液体を加熱して沸点以上になると、液体はすべて蒸発して気体になります。気体の状態では、粒子が激しく空間を飛び回っています。この飛び回る速度は、酸素 O_2 では室温で秒速約400 mにもなります。

固体から液体に変化させるには、粒子間の結合を弱めて粒子が動けるようにすればいいので少ないエネルギーで可能ですが、液体を気体にするには、粒子間の引力を完全に断ち切って、かつ空間を飛び回るだけのエネルギーを与えなければいけません。よって、蒸発させるには融解させるよりもはるかに大きなエネルギーが必要です。これを図で表すと**図6-2**のようになります。

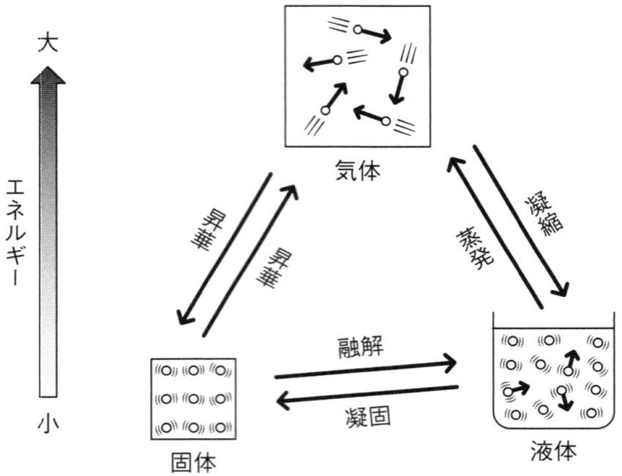

図6-2　物質の三態変化

固体と液体の間のエネルギーの差は小さいですが、液体と気体のエネルギーの差はとても大きくなっています。

水の場合では、1gの水の温度を1℃上げるには4.2J（ジュール）の熱エネルギーで済みます。ところが、1gの氷を融かして水にするには約330Jの熱エネルギーが必要ですし、1gの水を蒸発させて水蒸気にするには、その7倍近い2000J以上の熱エネルギーが必要です。

夏になると、日差しに当たって熱くなった地面に水を撒《ま》く「打ち水」を行いますが、これは水が地面に比べて冷たいから地面を冷やす効果があるのではなく、水が蒸発するときにまわりから熱エネルギーを吸収するから効果があるのです。

さて、**図6-1**では固体は結晶の粒子が規則正しく結びついていますが、液体は粒子間の結びつきが弱く、固体に比べて粒子の熱運動が大きくなっているので、体積は増加します。一般に、多くの固体は液体になると約1割程度体積が増加します。つまり、固体が液体になるとき、質量は変わらないまま体積が大きくなって密度が小さくなるため、固体は液体中に沈むのです。

しかし水だけは例外で、固体から液体になると約1割程度体積が減少します。これは、氷の状態では水の分子が**図6-3**のように隙間をもった状態で並んでいますが、液体になると分子の配列が崩れて隙間が狭くなるからです。図6-3の点線は、水素原子を介して電気陰性度の大きい酸素原子同士が引き合う水素結合を表しています。

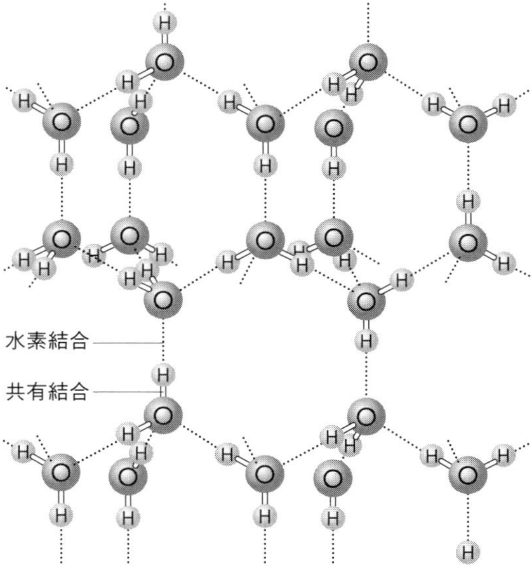

図6-3　氷の構造
H_2Oの間にかなり隙間があります

この特殊な性質によって、水は氷よりも密度が大きくなるため、氷は水に浮くのです。

もし、水が他の物質と同じように固体が液体よりも密度が大きいと、何がおきるでしょうか。寒い地方の湖では、湖面が冷やされてできた氷が次々と湖底に沈んでいき、湖で生きている魚は全滅してしまいます。ワカサギ釣りもできませんね。

圧力と温度で決まる物質の状態

状態変化は、温度の変化だけではなく、圧力の変化によってもおこります。物質の状態を、縦軸に圧力、横軸に温度を取って表した図を**状態図**といいます（相図という場合もあります）。**図 6-4** は水の状態図です。

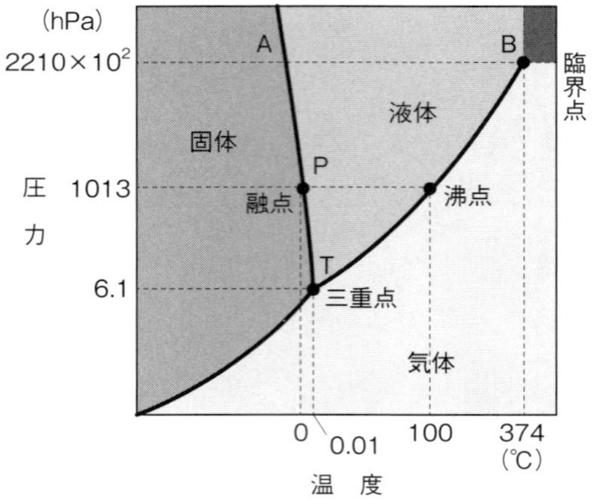

図6-4　水の状態図

水は融点が0℃、沸点が100℃です。言い換えれば0℃以下では必ず氷として存在し、0～100℃では必ず水として存在し、100℃を超えると必ず水蒸気として存在するということです。

ただしこれは、私たちがふだん生活する圧力（気圧）である1013 hPa（1気圧）での話です。状態図を見ると、圧力が大きくなれば融点は下がり、沸点は上がることがわかります（圧力に関しては第7項で詳しく説明しています）。

一方、圧力が下がると融点は上がり、沸点は下がるため、6.1 hPaでは0.01℃で融点と沸点が等しくなり、三態が共存できるようになる状態が現れます。つまり、水が固体、液体、気体のどの状態でも存在できるのです。このポイントを**三重点**と呼びます。

この三重点よりも圧力が低いと、水は液体として存在できません。水が液体として存在できないというと想像しにくいかもしれませんが、ドライアイスをイメージしてください。ドライアイスは二酸化炭素の固体ですが、昇華するので液体にならずに直接気体の二酸化炭素に変化します。これは、二酸化炭素の三重点が1013 hPaよりも高いからです。

地球に液体の水が存在しているということは、状態図の3本の曲線で分けられた領域のうち、ちょうど液体の領域に地球があるという、じつはすごいことなのです。その証拠に、太陽系ではいまだ液体の水は地球以外のどこにも発見されていません。

温度の単位と種類

メートル（m）やグラム（g）という単位は世界共通ですが、英語圏ではヤード（1yd＝0.9144 m）、ポンド（1 lb ＝ 453.592 g）という単位も使われています。温度でも、私たちが日常使っているセルシウス度（℃）や絶対温度（K）という世界共通の単位に対して、ファーレンハイト度（°F）が英語圏では使われています。ファーレンハイト温度目盛りでは、水の融点を 32 °F、沸点を 212 °Fとして、水の融点と沸点の間を 180 °Fに区切っています。ファーレンハイト度（°F）をセルシウス度（℃）に変換するには、次のような計算をします。

$$℃ = \frac{5}{9}(°F - 32)$$

英語圏でテレビの天気予報を見ていると、「今日の最高気温はとても暑く、100 度でした」なんて平然とアナウンサーが言っているのでビックリしますが、100 °Fなので、セルシウス度で表すと 37.8 ℃となります。猛暑であることに変わりはありませんが、水が沸騰してしまうような気温ではもちろんありません。

7 気圧と温度と体積の関係
気体の状態方程式

空気の入った袋が、温められたり、山頂で気圧が低くなったりすると膨らむことを私たちは経験的に知っています。気体の状態方程式を使うと、どの程度膨らむのかを計算することができます。数式が出てきますが、ひとつひとつの数値の単位に気をつけて日常生活に当てはめていくと、その意味が実感できます。

ポイント

❶圧力とは単位面積あたりにはたらく力のことです。気体による圧力を、とくに気圧といいます。

❷天気予報で使われている気圧の単位は「hPa」(ヘクトパスカルと読みます)。1気圧＝1013 hPaです。

❸ボイルの法則によると、温度が一定の気体では体積と圧力が反比例関係にあることがわかり、シャルルの法則によると、圧力が一定の気体では温度と体積が比例関係にあることがわかります。

❹気体の状態方程式を使うと、気体の温度、体積、物質量、圧力の関係を1つの式で表すことができます。

気圧とは気体分子がぶつかることで生じる力

気圧という言葉を日常よく使います。「関東地方は高気圧におおわれて晴れ間が広がった」とか、「この台風の中心気圧は960hPaなので勢力が強い」という表現は、天気予報の場面でよく耳にします。気圧とは気体による圧力のことですが、圧力を表す単位である「**hPa**」とはどういった単位かを考えてみましょう。

圧力とは、単位面積である1 m^2にはたらく力のことです。今、面積が1 m^2の板の上に体重60 kgの人が乗っているとき、板にかかる圧力を求めてみます。体重60kgの人は、地球上では重力によって約600 Nの力で地球の中心に向かって引っ張られています（Nは力の単位で「ニュートン」と読みます）。約600 Nの力が1 m^2の板にかかっているので、圧力は約600 N/m^2になります。

このとき、「N/m^2」の代わりに圧力を表す特別な単位として、「Pa」（パスカル）を使います。N/m^2＝Paです。したがって、この場合の圧力は約600 Paになります。しかし、天気予報で使う「hPa」という単位には、Paの前に「h」（ヘクト）という文字がついています。このhは100倍を表す接頭辞です。1 km＝1000 mのように、k（キロ）は1000倍を表す接頭辞ですが、hもこれと同様の役割を果たしているのです。このhPaで言い直すと、1m^2の板の上に体重60 kgの人が乗っているとき、板にかかる圧力は約600 Pa＝6 hPaになります。

私たちが暮らしている地球上の海抜0 m地点の平均的な大気による圧力を**1気圧**といい、1気圧は1013 hPaという計測結果が得られています。これを同じように計算すると、1気圧とは、地球上で1 m^2 に10130 kg のおもりが載っているときにかかる圧力と同じということがわかります。1 cm^2 あたりに換算すると約1 kg。人間は地球上で、1 cm^2 あたり約1 kg のおもりが載っているのとほぼ同じ圧力を、体のあらゆる方向から受けていることを表しています。私たちは、とてつもない圧力を受けながら暮らしていたのですね。

この大きな圧力は、気体分子がぶつかることで生じています。地球上ではこれだけ大きな気体の圧力を受けているのにもかかわらず、人間が押しつぶされないのは、人間の体の内側から同じ圧力で押し返しているからです。空気を入れて1Lの大きさに膨らませた風船は、外側から1013 hPa の気圧で押されているのと同時に、内側からも1013 hPa の気圧で押し返しているので、その大きさを保つことができるのです。

ボイルの法則

では、この風船をもってエベレストに登るとどうなるでしょうか。気圧が低いと、まわりからぶつかる空気の粒子の数が減るので、風船が膨らむことはわかると思います。さらに、低くなった気圧が何 hPa かわかれば、簡単な計算で何倍に膨らむのかがわかります。

答えを先に書いてしまうと、エベレストの山頂では気圧が海抜0mの $\frac{1}{3}$ になるので、風船の体積は3倍の3Lになります。気体には、一定温度において、一定量の気体の

体積 V（体積を意味する Volume の略です）は、圧力 P（圧力を表す Pressure の略です）に反比例する、という法則があります。この関係を、法則を発見した人の名前をとって**ボイルの法則**といいます。

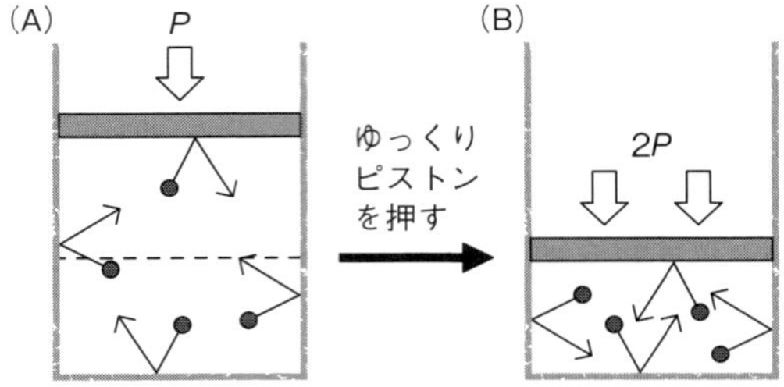

図7-1　ボイルの法則

図 7-1 の（A）の状態から（B）の状態に変化させたとき、外部の圧力が 2 倍になっているので、気体の圧力も 2 倍になるまで体積は小さくなっていき、$\frac{1}{2}$になったところでピストンが止まります。気体分子の数と速度（温度）は変化していませんが、気体の粒子がピストンにぶつかる回数は 2 倍になるからです。

シャルルの法則

風船の中に入った空気を風船ごと温めると、風船は膨張します。これは、風船の中の気体分子の熱運動の速度が増加することで、単位時間あたりに風船の壁にぶつかる分子の数が増加するからです。

この場合も、ボイルの法則と同じように、温度変化がわかれば簡単な計算で何倍に膨らむかわかります。たとえば、27 ℃で 1.0 L の気体の入った風船を 1013 hPa のもとで加熱して、57 ℃にしたときの体積を求めてみます。27 ℃は絶対温度に直すと 300 K、57 ℃は 330 K です。圧力が一定のもとで絶対温度が 1.1 倍に変化したので、体積も 1.1 倍増加し、1.0 L から 1.1 L に変化します。このように、圧力が一定のとき、一定量の気体の体積 V は絶対温度 T（T は温度 Temperature の略です）に比例します。この関係を、法則を発見した人の名前をとって**シャルルの法則**といいます。

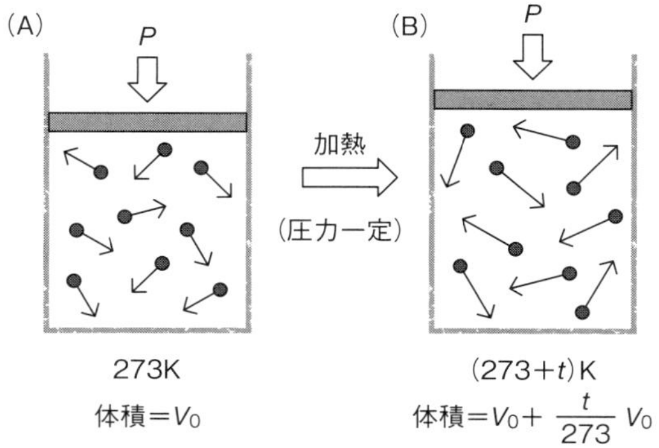

図7-2　シャルルの法則

図 7-2 の（A）の状態から（B）の状態に変化させたとき、絶対温度が 273 K から t[K] 上昇しているので、気体の体積も V_0 から

$$\frac{t}{273} \times V_0$$

だけ増加します。これは、気体分子の数は変化していませんが、温度が上がることで気体分子の速度が上がって、気体分子がピストンを押し上げたからです。

ボイル・シャルルの法則と気体の状態方程式

ボイルの法則とシャルルの法則をまとめると、「一定量の気体の体積 V は、圧力 P に反比例し、絶対温度 T に比例する」というひとつの法則として表され、これをボイル・シャルルの法則といいます。

このボイル・シャルルの法則の大切なことは、物質量が同じ気体は、圧力と体積の積を絶対温度で割ったもの、つまり

$$\frac{\text{圧力}\times\text{体積}}{\text{絶対温度}}=\frac{PV}{T}$$

が常に一定の値になるということです。この「一定の値」を、標準状態で 1 mol の気体について求めてみます。

0 ℃、1013 hPa（これを化学の世界では標準状態と呼びます）では、気体分子 1 mol の占める体積は、気体の種類に関係なく 22.4 L であることがわかっています。そこで、これを使って 1 mol の気体について一定の値（この定数を R と表します）を求めてみると、

$$R=\frac{PV_1}{T}=\frac{1013\ \text{hPa}\times 22.4\ \text{L/mol}}{273\ \text{K}}=83.1\left[\frac{\text{hPa}\cdot\text{L}}{\text{mol}\cdot\text{K}}\right]$$

この値 R は、気体の種類に関係しない普遍的な定数で、

気体定数と呼ばれます。V_1 は気体分子 1 mol の体積なので、n[mol] の体積 V は $V=nV_1$ となります。よってこの式は次のように表すことができます。

$$PV=nRT$$

この式を**気体の状態方程式**といい、圧力 P、体積 V、絶対温度 T、物質量 n の 4 つの変数のうち、3 つが決まれば残りの 1 つはこの式を用いて求めることができます。

気体の状態方程式が使えなくなるとき

気体の状態方程式は、どんな温度でも使えるわけではありません。なぜなら、温度を下げていくと、ある温度で気体は液体や固体になってしまうからです。つまり、気体の状態方程式が使えるのは、気体が液体や固体に変わらないくらい温度が高いときに限られます。

また、分子自体の大きさが大きい気体では、圧力が高い状態、つまり気体の粒子がぎゅうぎゅうに詰まっている状態では、気体の状態方程式で導かれる体積に気体自身の体積がプラスされるため、理論値からずれてしまいます。

気体の状態方程式は、低温でも液体や固体にならずに、分子自身の体積が小さい気体のときに、理論値と実際の値とのずれが小さくなるということがいえます。この「ずれ」が一番小さくなる気体はヘリウムです。ヘリウムは原子自身の大きさがたいへん小さいうえに、沸点も 4 K(−269℃) と絶対零度である 0 K(−273℃) にかなり近いので液体になりにくい、というのが理由です。

8 海水は0℃でも凍らない
沸点上昇と凝固点降下

　純水の沸点は100℃、凝固点は0℃ですが、砂糖や食塩などを水に溶かすと、沸点は100℃よりも上昇し、凝固点は0℃よりも低下します。このように溶液では、純溶媒（他の物質が混ざっていない溶媒）に比べて沸点は高く、凝固点は低くなります。沸点が上昇する現象を沸点上昇、凝固点が下がる現象を凝固点降下といい、この理由は溶質と溶媒を粒子ととらえることでうまく説明することができます。

ポイント

❶圧力鍋は、水の沸点以上に加熱することができるので、食材に素早く中まで熱を通すことができます。

❷富士山の頂上でカップラーメンを作ってもおいしくありません。これは、富士山の山頂の気圧が通常よりも低いことが原因です。

❸ぐつぐつ煮立ったスープでやけどをすると、熱湯のときよりもひどいやけどになってしまいます。これは沸点上昇という現象によるものです。

❹道路の凍結防止剤（融雪剤）には塩化カルシウムの粉末が用いられています。これは凝固点降下という現象を利用しています。

蒸気圧と沸点の関係

やかんが沸騰すると、湯気でやかんのふたが動きます。これはやかんの中の水分子が、水蒸気になって飛び出してくるときに、やかんのふたにぶつかるからです。しかし、やかんを火にかけなくても、ふたをはずしておくと、中の水はだんだん蒸発して時間とともに減っていきます。

このことから、沸騰していなくても水は少しずつ蒸発しているけれども、やかんのふたを動かすためには沸騰させる必要があるということがわかります。この現象について化学的に考えてみましょう。

水から水蒸気に状態が変わるときには水分子が気体となって飛び出すので、それが壁にぶつかると圧力が生じます。温度が高いほど水分子は勢いが増すので、圧力が大きくなります。

このように、液体が気体に変化するときに生じる気体の圧力を**蒸気圧**といいます。蒸気圧と温度の関係をグラフにしたものを**蒸気圧曲線**といい、これは状態図（第6項参照）の一部を切り出したものです。水の蒸気圧曲線は**図8-1**のようになります。

この図を見ると、温度が100℃になったとき、蒸気圧が気圧である1013 hPaに等しくなっていることがわかります。ある液体の蒸気圧がその液体が接している気体の気圧と等しくなったとき、液体の内部から気泡が発生します。これが沸騰という現象です。したがって、気圧が1013 hPaよりも低ければ沸点は100℃よりも下がり、逆に気圧が1013 hPaよりも高ければ、沸点は100℃以上になります。

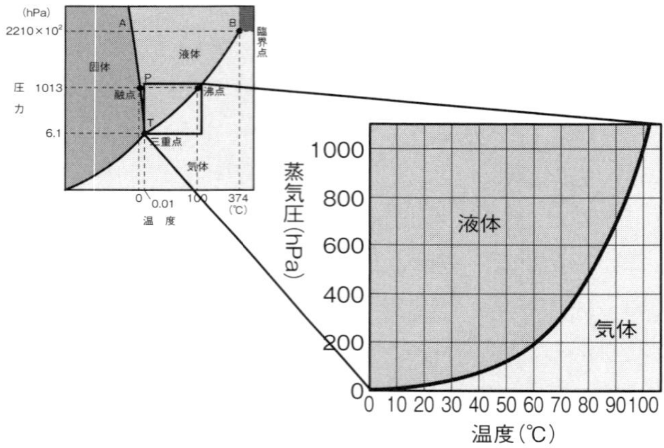

図8-1　水の蒸気圧曲線

圧力鍋を使うとおいしくできるのは、鍋のふたをしっかり閉まるようにして、内部の気圧を1013 hPaよりも上げられる構造になっているのが理由です。内部の気圧が1013 hPaを超えると水が100 ℃になっても沸騰しないので、中身を100 ℃以上で加熱することができ、食材に早く熱が通って味もしみこむのです。

富士山の山頂でおいしいカップラーメンがつくれないのは、圧力鍋と逆の理由になります。富士山の山頂では気圧が低いため（約640 hPa)、88 ℃まで水の温度が上がると沸騰が始まってしまい、これ以上水温を上昇させることができません。つまり、ぬるいカップラーメンになってしまうためにおいしくできないのです。

蒸気圧降下と沸点上昇

ぐつぐつ煮えているスープでやけどをすると、熱湯でやけどをするよりもひどい症状になってしまいます。この理由は「蒸気圧降下」と「沸点上昇」というふたつのキーワードで説明することができます。

図 8-1 の水の蒸気圧曲線によると、純粋な水は 60 ℃で 200 hPa の蒸気圧があります。ここにわずかな量のショ糖（砂糖の主成分）を溶かすと、蒸気圧は少し下がります。この現象を**蒸気圧降下**といいます。蒸気圧降下とは、液体に不揮発性（蒸発しにくい性質）の物質を溶かして溶液にすると、元の液体に比べて蒸気圧が低くなる現象です（ショ糖の他にはデンプン、NaCl、タンパク質、絵の具も不揮発性の物質です）。この理由は**図 8-2** のモデル図で説明することができます。

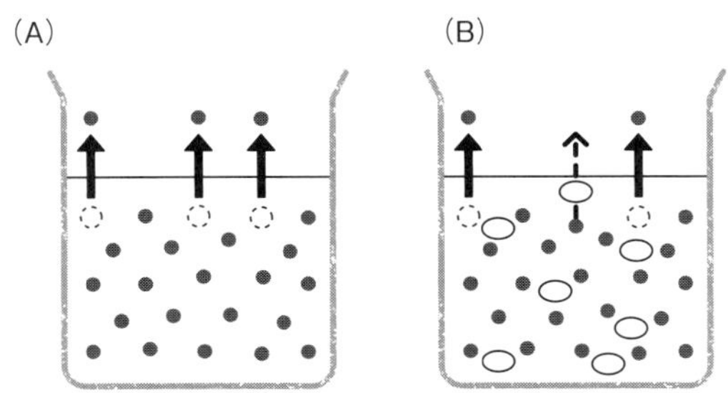

図8-2　純溶媒(A)とショ糖水溶液(B)のモデル図

純粋な 60 ℃の水では、蒸気圧 200 hPa の圧力だけ、水から水蒸気になった分子が飛び出していきます。このときの蒸気圧を、仮に水分子●が 3 個飛び出す状態として表してみます（図A)。この水にショ糖を溶かすと、ショ糖は均一に水に分散します。

今、水の表面の部分を考えると、ショ糖は不揮発性の物質なので、水分子が水蒸気として飛び出すのを妨害する効果があります。ショ糖の分子を◯としてこの状態を表したのが図Bです。水の表面に拡散したショ糖分子が、水分子が蒸発して飛び出すのを妨害していることがわかります。この妨害された水分子のぶんだけ、蒸気圧が下がります。これが蒸気圧降下のメカニズムです。

では1013 hPaのもとで、水の温度が100 ℃で沸騰しているとき、100 ℃に温めたショ糖を加えたらどうなるでしょうか。温度は100 ℃のままですが、蒸気圧降下がおこるので蒸気圧が1013 hPaから下がり、沸騰は止まります。

これを再び沸騰させるには、下がった蒸気圧を1013 hPaに上げなくてはいけないので、温度を100 ℃よりも上昇させなくてはいけません。このように、液体に不揮発性の物質を溶かすと、元の液体に比べて沸点が高くなる現象が**沸点上昇**です。

沸騰しているスープは塩やアミノ酸などが溶け込んでいるため、沸点上昇により100 ℃以上になっています。そのため皮膚についたときに、熱湯のときよりもひどいやけどになりやすいのです。

0 ℃でも凍らない――凝固点降下

純水は通常0 ℃で凝固して氷になりますが、海水は約−1.9 ℃にならないと凝固しません。このように、不揮発性の溶質が溶けている溶液は、純溶媒のときに比べて凝固し始める温度が低くなります。この現象を**凝固点降下**といいます。

純溶媒に不揮発性の溶質を溶かすことによって、沸点は上昇するのに、なぜ凝固点は降下するのかは、**図8-3**のモデル図で説明することができます。

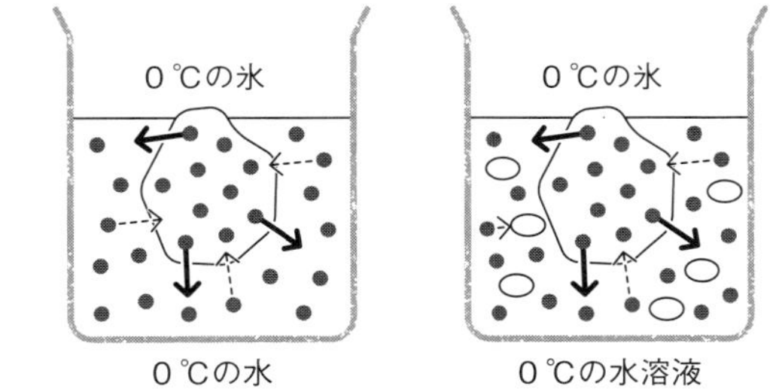

図8-3　純溶媒(A)とショ糖水溶液(B)のモデル図

図Aでは、0℃の氷を0℃の水に入れた状態を表しています。0℃では、氷も水も両方とも存在することができ、図で示すように氷から水に変化する分子と、水から氷に変化する分子が同数で見ため上変化しない、平衡状態と呼ばれる状態にあります。そのため氷の大きさは変化せず、一定です。

図Bでは、図Aの状態に0℃に冷やしたショ糖を加えて、ショ糖の水溶液にした状態を表しています（ショ糖の分子を◯で表しています)。すると、ショ糖は水の中に分散するので、水から氷に変化する分子を妨害するはたらきをします。しかし、氷から水に変化する分子の数は変わりません。その結果、温度は0℃のままですが、凝固する水分子のほうが、融解する水分子よりも少なくなるので、氷は融けてしまいます。この融けた氷を再び凍らせるには、0℃よりも温度を下げなくてはいけません。これが凝固点降下の理由です。

雪が降ったときに雪の上に凍結防止剤をまくと、凍結防止剤が溶けたところでは凝固点が大幅に下がるので、雪を融かす効果があることがわかります。

沸点上昇度、凝固点降下度の計算法

水などの溶媒に溶質がどれくらいの濃度溶けていたら、何℃沸点が上昇するか、凝固点が降下するか（これを**沸点上昇度**、**凝固点降下度**といいます）は、計算で求めることができます。

沸点上昇、凝固点降下の両方とも、変化する温度は溶液の濃度に比例します。しかし、この場合の濃度はモル濃度（mol/L）ではなく、質量モル濃度（mol/kg）を使用します。モル濃度は溶質の物質量を溶液の体積で割ったものですが、沸点上昇、凝固点降下の場合は温度を変化させるので、溶液の体積が変化してしまいます。そこで、溶質の物質量を溶媒の kg 単位の質量で割った質量モル濃度（mol/kg）が使われるのです。

この質量モル濃度に、沸点上昇度・凝固点降下度は比例します。といっても、その変化量は沸点上昇、凝固点降下で異なりますし、溶媒の種類によっても変わります。質量モル濃度が 1.0mol/kg のときの沸点上昇の温度をモル沸点

上昇、凝固点降下の温度をモル凝固点降下といい、その値は溶媒の種類によって**表8-1**のようになっています。

表8-1　各溶媒のモル沸点上昇、モル凝固点降下

溶媒	沸点(℃)	モル沸点上昇 (K·kg/mol)	モル凝固点降下 (K·kg/mol)
水	100	0.515	1.85
ベンゼン	80.0	2.53	5.12
酢酸	118	3.07	3.90

ここでひとつ注意しなければいけないのが、溶液中でイオン化して電離する塩化ナトリウム NaCl のような電解質です。

たとえば、水 1 kg に NaCl を 0.10 mol 溶かした溶液では、NaCl は完全電離するので Na^+ と Cl^- が各 0.10 mol ずつ生じ、合計 0.20 mol のイオンを含む水溶液となります。そのため、沸点は $0.515 \times 0.20 = 0.103$ K 上昇し、凝固点は $1.85 \times 0.20 = 0.370$ K 下がります。

沸点上昇や凝固点降下は、電離によって溶質粒子の数が増える場合、電離により増加した溶質粒子の総物質量に比例します。よって、この NaCl 水溶液は 0.10 mol/kg の非電解質水溶液の 2 倍の沸点上昇度・凝固点降下度を示すことになります。

道路の凍結防止剤には、主に塩化カルシウムが用いられています。もちろん、塩化ナトリウム NaCl でも凍結防止効果はあるのですが、塩化カルシウム $CaCl_2$ だと Ca^{2+} と 2 個の Cl^- に電離するために、効果が 3 倍になるからです。

仮に凍結防止剤としてショ糖を使ったとしたらどうなるでしょう。ショ糖 $C_{12}H_{22}O_{11}$ は水に溶けても分解しないうえに、分子量は塩化カルシウム $CaCl_2$ の式量の 3 倍あります。計算すると、10 kg の塩化カルシウムと同じ効果を得るには、90 kg 以上のショ糖が必要になります。道路が砂糖だらけになってしまいますね。

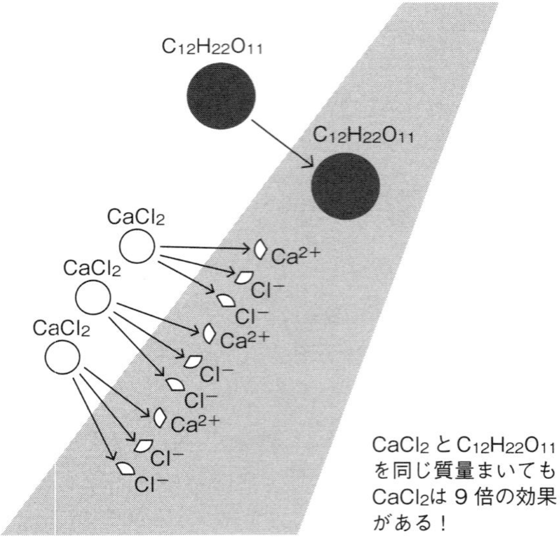

図8-4　塩化カルシウム $CaCl_2$ とショ糖 $C_{12}H_{22}O_{11}$ の凍結防止剤としての違い

9 ナメクジは塩でなぜ縮む
浸透圧

「浸透圧」、なんだか難しそうな言葉です。しかし、私たちの身の回りにはたくさんの浸透圧が関係する現象が存在しています。「青菜に塩」のことわざの他、「ナメクジに塩をかけると縮む」、「梅酒を作るのに梅の実に焼酎と氷砂糖を入れる」などの身近な現象も浸透圧が関係しています。

ポイント

❶小さな溶媒分子は通しても、大きな溶質粒子は通さないという選択性をもつ膜を半透膜といい、細胞膜やセロハン膜などがあります。浸透圧にはこの半透膜が関係しています。

❷半透膜を挟んで片方に溶媒のみの純溶媒、もう片方に半透膜を通り抜けられない溶質が溶けた溶液があるとき、純溶媒側から溶液側へ溶媒が移動します。この現象を「浸透」といいます。

❸溶媒が溶液側に浸透しないようにするためには、溶液側から圧力をかけなくてはいけません。このときに必要な圧力を「浸透圧」といいます。浸透圧は溶液の濃度によって決まります。

濃度の差が圧力になる

浸透圧のおきるメカニズムを理解するには、**半透膜**についての知識が欠かせません。「膜」はいいとして、「半透」とはどういう意味でしょうか？　半透とは、「半」分「透」過する、つまり大きい物質は通さないけれども、小さい物質は通すような大きさの穴の開いている膜のことです。より具体的にいうと、水溶液に溶けている大きな溶質分子は通さないけれども、小さな溶媒分子は自由に通れるような膜のことです。

身近な半透膜には、セロハン膜、動物のぼうこう膜、生物の細胞膜などがあります。それぞれの膜の穴の大きさは少しずつ異なるので、通過できる溶質の種類はそれぞれ違っています。

この半透膜のうち、セロハン膜を例にして浸透圧について解説をしていきます。まず、セロハン膜の穴を自由に通り抜けることができる水分子だけからなる純溶媒（A）と、セロハン膜の穴を通り抜けることができないデンプンを溶かした水溶液（B）を、**図 9-1** のようなＵ字管を使った装置で隔てます。

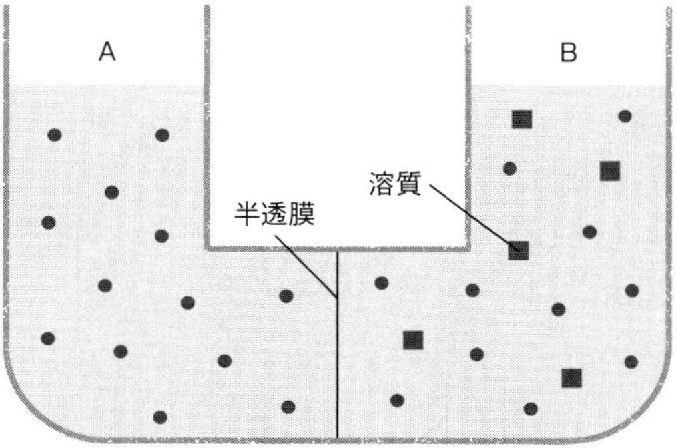

図9-1 U字管を使った実験装置

しばらく放置しておくと、左側から右側に水が移動して、**図 9-2** のように B の溶液側の液面が上昇します。

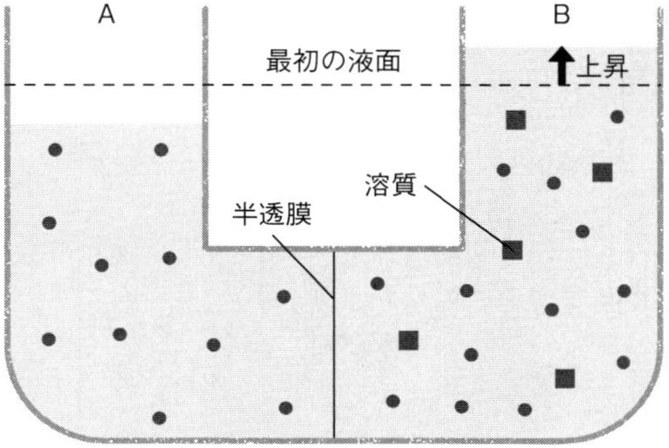

図9-2 図9-1の状態から時間を置いたとき

この半透膜を通って、溶媒である水が B のほうに移動してきたのです。この現象を**浸透**といいます。浸透は A と B の間に濃度差がなかったり、両方に水だけが入っていたりするときにはおきません。半透膜を挟んで両側の溶液に濃度差があるときにのみ、観察できる現象です。

この浸透がおきないようにするためには、水がデンプン溶液側に移動しようとする圧力に等しい圧力を、デンプン溶液側にかければOKです。このときに必要な圧力を**浸透圧**といいます（**図9-3**）。

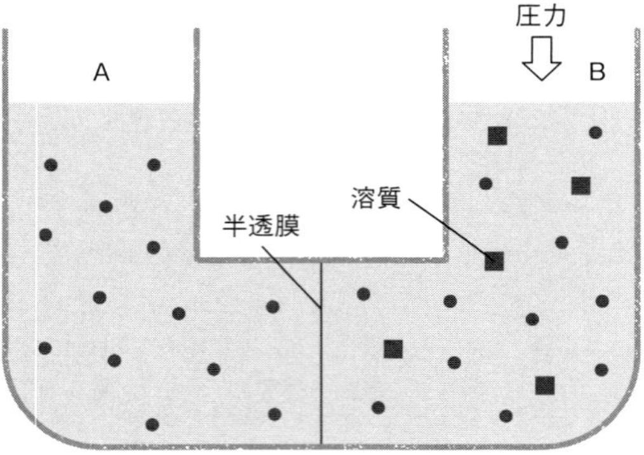

図9-3　Bの溶液側から圧力をかけた状態

では、この浸透が生じる仕組みを、半透膜付近を拡大したモデル図で考えてみましょう。

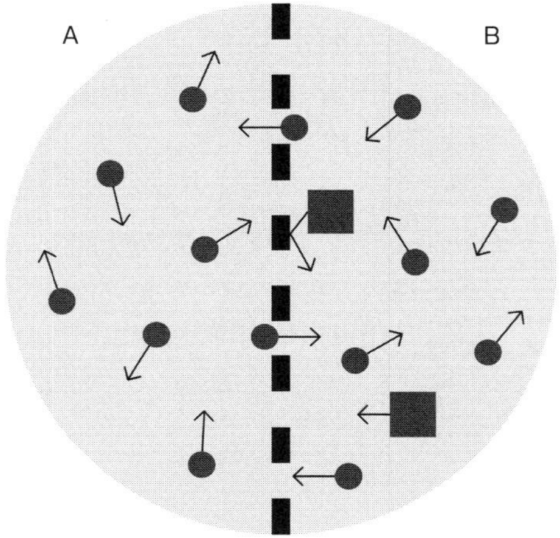

図9-4 半透膜付近のモデル図

水分子もデンプン分子も熱運動により振動しているため、半透膜には盛んにぶつかってきます。しかし、水分子は半透膜を通り抜けることができるのに対して、デンプン分子は半透膜を通り抜けることはできません。その結果、Bの溶液側ではデンプン分子が水分子の移動を邪魔している形になり、AからBに通り抜ける水分子の数が増える、つまりBの溶液の液面が上がるのです。

このとき、B側から浸透圧をかけて液面が上がらないようにしてみます。これはつまり、B溶液側の水分子とデンプン分子が半透膜にぶつかる回数を増やすということになり、結果として、AからBに通り抜ける水分子の数と、BからAに通り抜ける水分子の数が等しくなるということなのです。

浸透とは、2つの溶液の濃度差を小さくする方向に溶媒分子が移動すること、と捉えてもいいでしょう。

ところで**図 9-3** において、浸透圧以上の圧力をデンプン溶液側の液面にかけたらどうなるでしょうか。水分子が左側に絞り出されて、デンプン溶液の濃度が濃くなります。これは本来浸透する方向と逆向きに水が移動するので、**逆浸透法**といいます。砂漠地帯や離島などでは、この方法で海水に大きな圧力をかけて逆浸透膜（海水に溶けている電解質が通れない膜）を通し、絞り出された水を生活用水として利用する事業が行われています。

おいしい梅酒を作るには

元気がなくしょんぼりした様子を表すことわざの「青菜に塩」は、青菜に塩をかけるとしおれてしまうことからきています。このことわざにも浸透圧が関係しています。

塩をかけられると、青菜表面には塩分濃度の高い（浸透圧の大きい）水溶液が存在することになり、青菜の細胞から水分が青菜表面に絞り出されてくるためです。このとき、細胞膜は半透膜のはたらきをしています。

ナメクジに塩をかけると縮んでしまうのも、塩が体の表面についたとき、体の外側の浸透圧が大きくなり、体の内側の水分が細胞膜を通って外側に通り抜けてくるからです。

では、梅酒を作るのに氷砂糖を使うのはなぜでしょうか。

梅酒は、ビンの中に梅の実、焼酎、氷砂糖を入れて作ります。最初は、梅の実の内部のほうが梅エキスを多く含むため浸透圧が大きくなっています。そのため、外部からどんどん焼酎が入ってきて梅の実は膨らんでいきます。

こうして、梅の実の内部に入ってきた焼酎に梅の味や香りが十分に溶けた頃、こんどは外部の氷砂糖がゆっくりと焼酎に溶け出し、濃い砂糖の焼酎溶液となります。その結果、外部の焼酎溶液の浸透圧が大きくなって、たっぷり梅の実のエキスを含んだ焼酎を梅の実の中から吸い出すはたらきをします。こうして、おいしい梅酒ができあがるわけです。

もし、氷砂糖ではなくて粉砂糖などを使うとどうなるでしょうか。砂糖はすぐに焼酎に溶けてしまい、梅の実の水分は濃い砂糖の焼酎溶液を薄めようとして急激に外部へ出ていき、梅の実はエキスを外に出す間もなく縮んでしまいます。つまり、焼酎がまったく梅の実の中に入れないので、梅の味や香りをあまり含まない甘いだけの焼酎ができてしまうことになります。

10 ホッカイロはなぜ熱くなる
熱化学

化学反応では、熱の出入りをともないます。たとえば温熱剤のホッカイロは、鉄と酸素が化合して酸化鉄になるときに発生する熱を利用したものですし、冷却剤のヒヤロンは、硝酸アンモニウムが水に溶けるときに周囲から熱を奪う現象を利用したものです。熱が放出される反応を発熱反応、吸収される反応を吸熱反応といいます。出入りした熱量がわかるように化学反応式に手を加えた式を熱化学方程式といいます。

ポイント

❶熱量を表す単位として、熱化学ではジュール（J）を使います。栄養学の分野では、食品の熱量を表す単位としてカロリー（cal）も一般的に使われていて、1 cal = 4.2 J で換算できます。

❷化学反応の際に出入りする熱まで考えて化学反応式を組み立てたものを熱化学方程式といい、化学反応式とは3つの点で異なっています。

❸反応熱には燃焼熱、生成熱、溶解熱、中和熱などの種類があり、それぞれ意味が異なります。

❹ヘスの法則を利用すると、実験では測定できない反応熱も求めることができます。

1Jの熱量とはどれくらいの大きさなのか

化学で使用する熱量の単位には**J（ジュール）**を用います。1Jとはいったいどれくらいの熱量かというと、1gの水の温度を0.24℃上昇させることができる量です。言い換えれば、1gの水の温度を1℃上昇させるには4.2Jの熱量が必要です。これを水の**比熱**（1.0gの物質の温度を1.0℃上昇させるのに必要な熱量のこと）といい、4.2J/(g·K)と表します（Kは絶対温度ケルビン）。

この比熱を比べることで、物体が温まりやすいかそうでないかを比較することができます。水はかなり比熱が大きい物質です。たとえば鉄の比熱は0.44J/(g·K)で、水の約10分の1しかありません。0℃、1.0Lの水を100℃まで温度上昇させるには420kJの熱が必要ですが、同じ重さの鉄を0℃から100℃まで温度上昇させるには44kJの熱ですむのです。

水　4.2J/(g·K)×1000g×100℃＝420000J＝420kJ
鉄　0.44J/(g·K)×1000g×100℃＝44000J＝44kJ

熱化学方程式

物質が化学変化するときには、必ず熱の出入りがともないます。化学反応にともなって出入りする熱のことを**反応熱**といいます。熱を発生する反応を**発熱反応**、熱を吸収する反応を**吸熱反応**といいます。

たとえば炭素(黒鉛)1molを燃焼させると394kJの熱が発生します。このときに放出された394kJの熱量を明示した化学反応式を**熱化学方程式**といい、次のように表します。

$$\underset{①}{C(黒鉛)} + O_2(気) \underset{②}{=} CO_2(気) + \underset{③}{394\,kJ}$$

熱化学方程式は、化学反応式と①～③の3つの点で異なっています。

①同じ物質でも、状態によって1 molがもつエネルギーが違うので、熱化学方程式ではその状態を示す必要があります。固体の場合は（固)、もしくは固体は英語ではsolidなので（s）と表します。液体の場合は（液)、もしくはliquidの（l)、気体の場合は（気)、もしくはgasの（g）と表します。

酸素や二酸化炭素など、25℃ 1気圧での状態が常識的にわかる場合は省略するのが普通ですが、水は液体と気体の両方の状態が考えられるので必ず状態を明記します（通常、化学反応後に水ができるときは液体の水とします)。

また、炭素Cで表される単体には、黒鉛の他にダイヤモンドがあります。これを**同素体**といいます。このように常温でどちらの状態も考えられる同素体の場合は、その種類も明記します。というのは同じ炭素でも、黒鉛とダイヤモンドでは燃焼させたときの熱量が変わるからです。同じ1 molを燃焼させたときの熱量は、黒鉛が394 kJなのに対し、ダイヤモンドは2 kJ大きい396 kJです。この違いは**エネルギー図**を使って**図10-1**のように表すことができます。

生成した二酸化炭素を基準として、黒鉛＋酸素、ダイヤモンド＋酸素の状態がどれくらいのエネルギーをもっているかが一目でわかります。

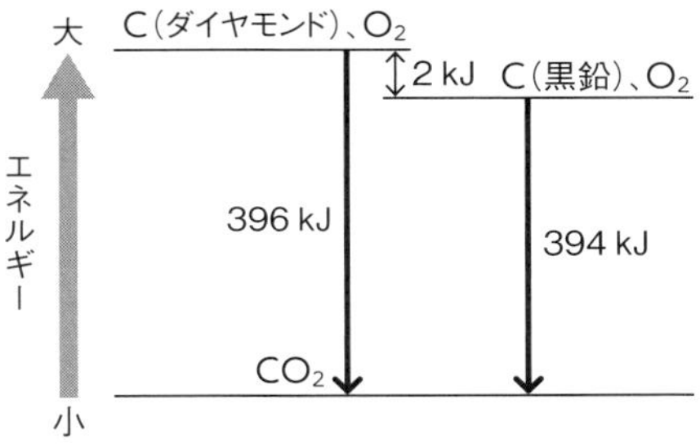

図10-1 黒鉛とダイヤモンドの燃焼のエネルギー図

②化学反応式のように矢印（→）ではなく、イコール（＝）を使います。化学反応式のように反応の向きを重視しているのではなく、エネルギーの出入りを重視しているからです。

③反応熱の数字は、熱化学方程式の右端につけます。発熱反応のときは「＋」、吸熱反応のときは「－」です。

反応熱にはどんな種類があるのか

反応熱には、いくつかの種類があります。先ほど黒鉛の燃焼で例にあげたのは**燃焼熱**というもので、物質 1 mol が完全に燃焼するときに発生する熱のことです。たとえば天然ガスの主成分のひとつであるエタン C_2H_6 の燃焼熱は 1561 kJ/mol なので、熱化学方程式は以下のように表します。

$$C_2H_6 + \frac{7}{2}O_2 = 2CO_2 + 3H_2O(液) + 1561\,kJ$$

酸素 O_2 の係数が $\frac{7}{2}$ という分数になっています。熱化学方程式では、着目している物質（ここではエタン）の係数が１になるように表す決まりがあるので、その結果、ほかの係数が分数になってもかまいません。

２つめの反応熱に、**生成熱**があります。化合物１mol が生成するときに発生または吸収する熱です。たとえば液体の水の生成熱は 286 kJ/mol なので熱化学方程式では以下のように表します。

$$H_2 + \frac{1}{2}O_2 = H_2O(液) + 286\,kJ$$

この式は水素の燃焼熱と同じ意味を表しています。

３つめは**溶解熱**です。溶解は化学反応式では書けませんが、熱化学方程式では表せます。たとえば塩化ナトリウムの水に対する溶解熱は－3.88 kJ/mol です。熱化学方程式は以下のように表します。

$$NaCl + aq = NaClaq - 3.88\,kJ$$

式に登場する「＋aq」は「多量の水に溶解する」ということを表し、NaClaq は塩化ナトリウム NaCl の水溶液という意味を表しています。他にも水の蒸発のような状態変化も、熱化学方程式を用いて表すことができます。

$$H_2O(液) = H_2O(気) - 44\,kJ$$

砂漠（昼夜の温度差が数十℃にもなる）に比べ、水が豊富な土地のほうが気温の変化が小さい理由を「熱」をキーワードに考えてみます。

まず、砂に比べて水のほうが比熱が大きいというのが理由のひとつです。同じ量の太陽の熱が当たっても、水は砂に比べて温度が上がりにくいのです。これに加え、水が蒸発するときにまわりから吸収する**蒸発熱**、水が凝縮する（水蒸気から液体の水になる）ときにまわりに放出する**凝縮熱**の影響が大きく、水が状態変化することにより、温度変化への熱の影響を小さくする仕組みになっています。この２つの理由から、水が豊富であると気温の変化が小さくなるのです。

ちなみに、凝縮熱を表す熱化学方程式は、蒸発熱のときとは逆向きになり、

$$H_2O(\text{気}) = H_2O(\text{液}) + 44\ \text{kJ}$$

となります。

さて、最後に紹介する反応熱が、酸 1 mol と塩基 1 mol が中和するときに発生する熱を表す**中和熱**です。中和反応には、以下のようなさまざまなパターンがあります（酸と塩基、中和反応については第 13 項参照）。

$$HCl + NaOH \rightarrow NaCl + H_2O$$
$$HCl + KOH \rightarrow KCl + H_2O$$
$$HNO_3 + NaOH \rightarrow NaNO_3 + H_2O$$

これらの反応の前と反応の後において、水溶液中でイオンとして変化しないで存在するものは、反応に関与してい

ないので取り除いていきます。すると結局、

$$H^{+}+OH^{-} \rightarrow H_2O$$

というイオン反応式になるので、中和反応で発生する熱は、このイオン反応式によるものだということがわかります。

中和によって H_2O が 1 mol 生じると 56.4 kJ の発熱があるので、中和熱を表す熱化学方程式は以下のように表します。

$$H^{+}+OH^{-}=H_2O+56.4\ \mathrm{kJ}$$

反応熱を計算できるヘスの法則

何かと何かを反応させて生成物を作るとき、生成の仕方が何通りかある場合があります。

たとえば、塩酸と水酸化ナトリウムとの反応について考えると、塩酸に固体の水酸化ナトリウムを直接入れて反応させる場合（経路 A）と、まず固体の水酸化ナトリウムを水に溶かして水溶液とし、これと塩酸を反応させる場合（経路 B）の 2 通りが考えられます。このとき反応熱を測定すると、以下のようになります。

経路 A：塩酸に直接固体の水酸化ナトリウムを投入して中和反応を起こす

$$NaOH(固)+HClaq=NaClaq+H_2O+100.9\ \mathrm{kJ}$$

経路 B1：固体の水酸化ナトリウムを水に溶かして水溶液とする

NaOH(固)＋aq＝NaOHaq＋44.5 kJ

経路 B2：それから塩酸と混ぜて中和反応をおこす

NaOHaq＋HClaq＝NaClaq＋H_2O＋56.4 kJ

経路 B の反応熱の和は 44.5＋56.4＝100.9(kJ) となり、経路 A を通ったときの反応熱と等しくなります。

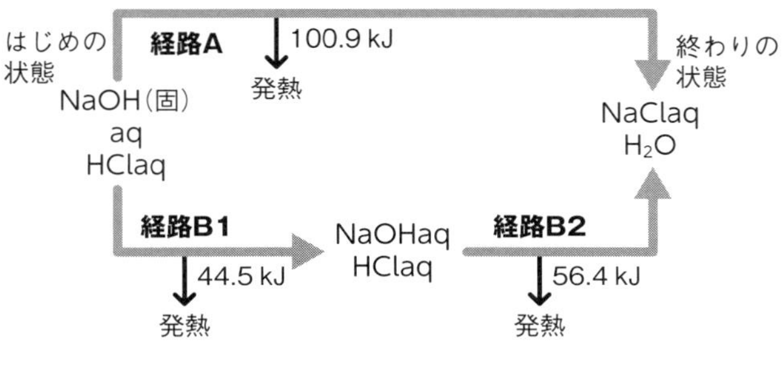

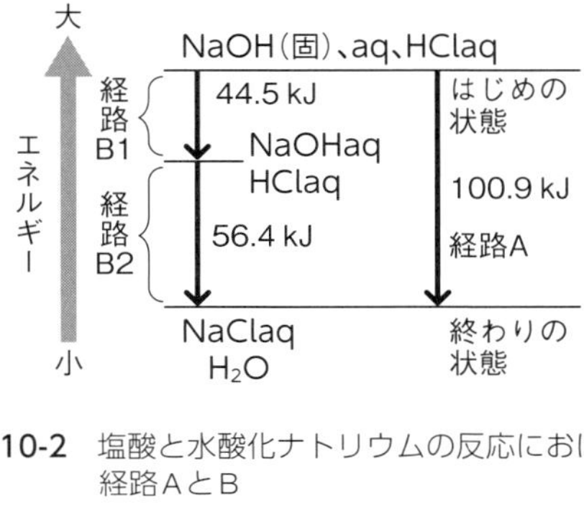

図10-2　塩酸と水酸化ナトリウムの反応における２つの経路AとB

このように、反応が一段階で終了しても、多段階にわたって行われても、出入りする熱量は、反応の最初と最後の状態によって決まり、反応の経路や方法には無関係なのです。この法則は、1840年に化学者ヘスが発見したことから、その名前をとって**ヘスの法則**といいます。

ヘスの法則を利用すると、実験では求められない一酸化炭素の生成熱を求めることができます。

一酸化炭素は不完全燃焼の際に二酸化炭素と一緒にできる気体です。そのため、黒鉛を酸素不足のもとで燃焼させても、必ず一緒に二酸化炭素ができてしまい、一酸化炭素だけを生成させることはできません。したがってこのままでは、炭素が燃焼してすべて一酸化炭素になる場合の生成熱を調べることができません。

そこで、次のような工夫をします。黒鉛の燃焼熱はわかっています（下の式①）。一酸化炭素を燃やして二酸化炭素にしたときの燃焼熱も、実験から求めることができます（下の式②）。知りたいのは一酸化炭素の生成熱なので、これをX[kJ] として表し（下の式③）、これら3つの熱化学方程式を並べると次のようになります。

$$\mathrm{C(黒鉛)} + \mathrm{O_2} = \mathrm{CO_2} + 394\,\mathrm{kJ} \qquad ①$$

$$\mathrm{CO} + \frac{1}{2}\mathrm{O_2} = \mathrm{CO_2} + 283\,\mathrm{kJ} \qquad ②$$

$$\mathrm{C(黒鉛)} + \frac{1}{2}\mathrm{O_2} = \mathrm{CO} + X\,[\mathrm{kJ}] \qquad ③$$

黒鉛を燃やしたとき、途中で一酸化炭素が発生するけれども、やがて一酸化炭素も燃焼してすべて二酸化炭素になる、というステップを踏んだ場合であっても、一気に完全燃焼した場合でも、ヘスの法則によれば熱量の総和は変わらないはずです。したがってこの3つの式は、①＝②＋③と考えることができます。

$$\mathrm{CO}+\frac{1}{2}\mathrm{O_2}=\mathrm{CO_2}+283\ \mathrm{kJ} \qquad ②$$

$$+)\ \mathrm{C}(\text{黒鉛})+\frac{1}{2}\mathrm{O_2}=\mathrm{CO}+X[\mathrm{kJ}] \qquad ③$$

$$\mathrm{C}(\text{黒鉛})+\cancel{\mathrm{CO}}+\mathrm{O_2}=\mathrm{CO_2}+\cancel{\mathrm{CO}}+283\ \mathrm{kJ}+X[\mathrm{kJ}]$$

式を整理して

$$\mathrm{C}(\text{黒鉛})+\mathrm{O_2}=\mathrm{CO_2}+\underbrace{283\ \mathrm{kJ}+X[\mathrm{kJ}]}_{394\ \mathrm{kJ}}$$

計算すると $X=111$ となるので、一酸化炭素の生成熱は111 kJ と求められます。

ジュールとカロリーはどう違う

「揚げ物はカロリーが高いから控えよう」とか、「こんにゃくは低カロリーのヘルシーメニューです」という表現をよく聞きます。最近は、スーパーで売っているお惣菜《そうざい》にもカロリー表示を見かけるようになりました。

本書ではここまで熱量の単位をすべてJ（ジュール）で統一してきましたが、**カロリー**（単位は cal）も同じ熱量を表す単位です。1.0 cal＝4.2 J という関係があります。

昔はカロリーのほうが広く使われていました。「1.0 g の水の温度を 1.0 ℃上昇させるのに必要な熱量が 1.0 cal」という定義だったため、感覚的に使いやすかったというのが理由です。しかし厳密には、1.0 g の水を 1.0 ℃上昇させるのに必要なカロリーは、その温度ごとにわずかに異なります。そのため、国際的にジュールに統一することになりました。

現在では、栄養学の分野でのみ従来通りのカロリー（cal）による表示が認められています。たとえばドーナツは、種類によりますが 1 個で 150 ～ 250 kcal（1 kcal = 1000 cal）なので、仮に 200 kcal とすると、ドーナツ 1 個には 200 L の浴槽の水の温度を 1.0 ℃上昇させるだけのエネルギーがあるということになります。

吸熱反応がおこる理由

水は高いところから低いところに流れるように、「世の中のすべての物質はエネルギーの低い状態をとろうとする」という原則があります。物質が化学反応で熱を放出する発熱反応は、もともと物質がもっていたエネルギーを放出することによって安定な状態になるということなので、きわめて理にかなった反応形式なのです。

しかし吸熱反応は、物質が化学反応でまわりから熱を吸収してよりエネルギーの高い状態に変わる現象です。自発的におこる吸熱反応は、イオン結晶の水への溶解などごく少数にとどまりますが、一見すると不自然な反応形式です。では、なぜ吸熱反応がおこるのでしょうか。

キーワードは**エントロピー**です。エントロピーとは、物質の乱雑さを示すもので、物質が乱雑な状態ほどエントロピーは大きくなります。したがって固体より液体のほうが、液体より気体のほうがエントロピーは大きくなります。温度が高いほうが粒子の熱運動が激しくなるので、やはりエントロピーは大きくなります。

化学反応が自発的におきるかどうかは、「世の中のすべての物質はエネルギーの低い状態をとろうとする」という原則に加えて、「世の中のすべての物質はエントロピーが大きい状態（より乱雑な状態）をとろうとする」というもうひとつの原則にも支配されていたのです。

そのため、どちらかの原則に反しても、もう一方の原則の影響のほうが大きければ、自発的に反応はおこります。つまり、たとえ反応後にエネルギーが高い状態になったとしても、その影響を打ち消すほど物質のエントロピーが増大していれば、その化学反応はおきるのです。

塩化ナトリウム NaCl は、1 mol の水に溶けるときには 3.88 kJ の吸熱がおきます。NaCl は溶けると電離して、ナトリウムイオン Na^+と塩化物イオン Cl^-になって溶媒の水に分散して乱雑さが増大するため、エントロピーは増大します。このため、エントロピー増大の原則のほうが強くはたらき、吸熱反応がおきるのです。

11 速い化学反応、遅い化学反応
化学反応の速度と反応のメカニズム

化学反応には、反応速度が速い反応と遅い反応があります。水素の燃焼反応のように一瞬でおきるものは速い反応、鉄が錆《さ》びる反応のようにゆっくりおきるものは遅い反応です。物体の動く速度を「km/時」という単位を使って表せば、自転車と車と新幹線の速度が一目で比較できるように、化学反応の速度も統一した単位で表すと便利です。この項では、反応速度の表し方に加えて、化学反応がどのようなメカニズムによっておこるのかという点にまで迫ります。

ポイント

❶化学反応の速度は単位時間あたりのモル濃度の変化量で表します。

❷物が燃え始めるには火をつけなければいけませんが、いったん火がつくとどんどん燃え広がります。これは、燃焼という化学反応をおこすには、最初にエネルギーが必要だということを表しています。

❸触媒を使用すると、反応速度を上げることができます。

思わぬ事故を防ぐために

たとえば「C」という目的物を得るために、反応物「A」と「B」を化学反応させるケースを考えます。このとき、速く、かつたくさんのCを得るためにはどうすればいいでしょうか。

単純に考えれば、AとBをなるべく多量に一度に反応させればよいと思ってしまいますが、それでは問題が生じるケースもあります。なぜかというと、化学反応の際には通常熱が出るので、多量のAとBが一気に反応してしまうと、発火したり、爆発したりする危険性があるからです。まったく火の気のない工場やプラントで火災や爆発が発生するのは、たいてい化学反応が制御できなくなったときです。安全対策の面から、化学反応のメカニズムを理解して、反応物の量や反応速度を上手に制御することは不可欠なのです。

化学反応のメカニズム

化学反応は、反応する物質があってはじめておこります。「A」という物質と「B」という物質から物質「C」ができる

$$A+B \rightarrow C$$

という化学反応を「結婚」をモデルに考えてみます。

男性がA、女性がB、結婚後の夫婦がCです。男女の出会いは反応物がぶつかることを、結婚は実際に化学反応がおきることを意味します。とはいえ、男女は出会えば必

ず結婚するのかというとそうではなく、出会った後に結婚までたどり着くには、お互いの両親に挨拶をしたり、婚姻届を書いたりとエネルギーが必要です。

化学反応でも、AとBがぶつかっただけでCになるとは限りません。化学反応がおきるためには、**活性化状態**というエネルギーの高い状態になる必要があります。活性化状態にするのに必要な最小のエネルギーを、その反応の**活性化エネルギー**といいます。

では、一定の時間にCができた数、つまり反応速度を、一定の期間に男女が出会って結婚をする数にたとえて式で表してみます。男性と女性がたくさんいるほど出会う確率は増加するので、結婚の数も増えます。

結婚の数＝(比例定数)×(男性の数)×(女性の数)

しかし、実際は男女の数が同じでも、東京のような人口が密集している都会か、北海道のように広い地域かで、男女の出会いの確率は変化します。つまり、同じ人口であれば、結婚の数は男性と女性の人口密度に関係します。

人口あたりの結婚の数
＝(比例定数)×(男性の人口密度)×(女性の人口密度)

ここで比例定数は重要な意味をもちます。たとえば、男性と女性の年齢構成で結婚適齢期の人数が多かったり、男女が早く結婚をしたいと焦っていたり、子育て優遇政策があったりすると、比例定数は大きくなります。

すなわちこの定数は、男性と女性の人口密度の背景にある特定の条件が、どれくらい結婚に結びつくのかを表している重要な定数です。

A＋B → C という化学反応もこれと同じで、一定の時間にCができる反応速度 v は、A、B それぞれのモル濃度を［A］、［B］と表し、比例定数を k とすると、次のように表されます。

$$v = k[A][B]$$

このとき、k を**速度定数**といい、それぞれの化学反応に固有の定数です。先ほどの男女の結婚の例で説明したように、この k が反応速度を支配する重要な定数となります。触媒が存在したり、温度が上がったりすると、k の値は大きくなります。

触媒が存在すると、存在しないときよりも小さな活性化エネルギーで反応をおこすことができます。これを反応速度の式に当てはめると、［A］と［B］が同じままでも、k が大きくなることで反応速度が速くなります。また温度が上がると、①活性化エネルギーを超える粒子が増える、②粒子全体の平均熱運動速度が上がるので衝突する粒子の数が増える、という2つの理由により、［A］と［B］が同じままでもやはり k が大きくなって、反応速度が速くなります。

では具体的な化学反応として反応の速度が速い水素の燃焼と、反応の速度が遅い水素とヨウ素からヨウ化水素が生成する反応を取り上げてみましょう。

反応速度の速い化学反応

水素の燃焼の化学反応式を、水素の燃焼熱と考えて熱化学方程式に書き換えると、次のようになります。

化学反応式　$2H_2 + O_2 \rightarrow 2H_2O$

熱化学方程式　$H_2 + \frac{1}{2}O_2 = H_2O(\text{液}) + 286\ \text{kJ}$

この化学反応は、水素と酸素をビニール袋に入れただけではおきません。しかし、炎を近づけると、一瞬で反応して水蒸気ができます。

ビニール袋の中で、水素と酸素の分子は秒速数百 m の速度で運動しているため、数えきれないほどお互いに衝突しています。しかし、ただ衝突するだけでは反応はおきないということがこの事実からわかります。炎を近づけることにより、加熱された分子が一定以上の速度になったときに、初めて反応がおきるのです。これはつまり、加熱することで活性化エネルギーを与えられた分子が、活性化状態になることを意味しています。そしていったん反応がおきると、反応熱により連鎖的に反応は進むのです。

水素の燃焼における活性化状態とは、水素分子 H_2 と酸素分子 O_2 の結合が完全に切れて原子状の H と O になるのではなく、H_2 と O_2 の結合が切れかけると同時に H と O の間に新しい結合ができている状態を指します。これを図を使って考えてみましょう。

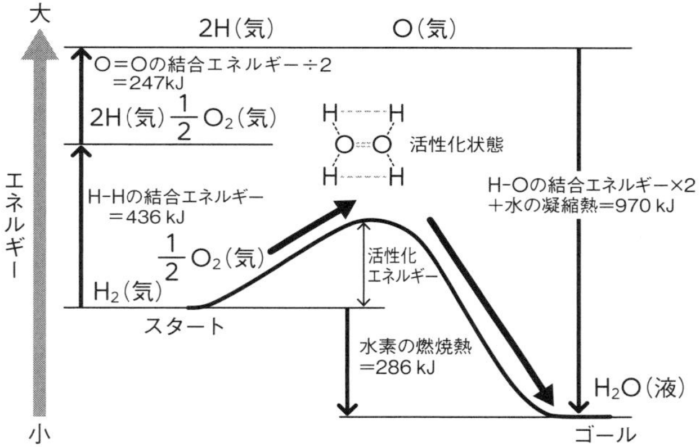

図11-1　水素の燃焼反応のエネルギー図

図11-1は、水素が燃焼する際に、どのような経路をとるのかをエネルギー図で表しています。

スタートは左下のH_2(気) と$\frac{1}{2}$$O_2$(気) です。ゴールは右下の$H_2O$(液) ですが、その経路を考えたとき、エネルギーがいちばん大きい状態にある原子状のHやOを経由するとするならば、H-Hの共有結合を切るのに必要なエネルギー436 kJと、O＝Oの共有結合を切るのに必要なエネルギーの半分247 kJの和である683 kJのエネルギーを与える必要があることがわかります。これは数千℃の温度に相当します。

しかし、実際は数百℃に加熱するだけで爆発的に反応します。これは、水素の燃焼では、原子状のHやOの状態を経由せずとも、活性化状態を経由するだけでよく、よりエネルギーの低い経路で反応できることを示しています。

さらに、発生する反応熱が 286 kJ とたいへん大きく、この熱が近くの分子が反応するための活性化エネルギーに使われて、連鎖的に反応するのです。このように水素が燃焼する反応は、大変反応速度が速い反応です。

反応速度の遅い化学反応

水素とヨウ素（うがい薬の成分で消毒薬として使われます）が化合して、ヨウ化水素になる反応を考えてみましょう。この反応は活性化エネルギーが正確に測定されているので、反応について考えるのに最適です。この反応の反応熱は 9kJ と大変小さな値ですが、これに対して活性化エネルギーは 178kJ と大きな値です。同じようにこの反応を図を使って考えてみましょう。

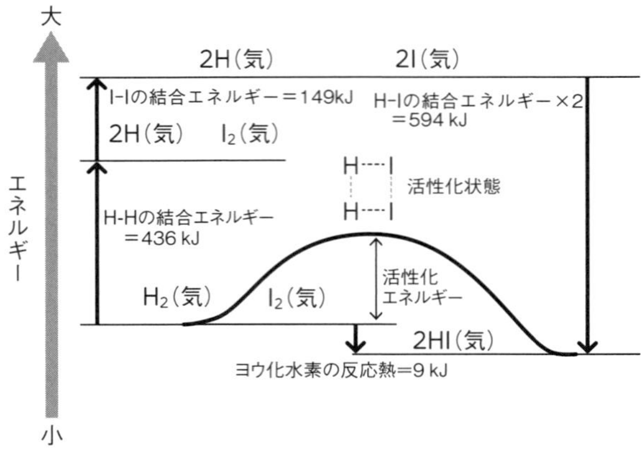

図11-2　ヨウ化水素の生成反応のエネルギー図

この反応が仮に原子状の水素 H やヨウ素 I を経由すると

した場合、やはり数千℃以上の高温にする必要がありますが、実際は数百℃程度に加熱するだけでヨウ化水素 HI が生成しはじめます。この反応で発生する反応熱は 9kJ と大変小さいために、反応の速度はゆっくりとしか進みません。

水素の燃焼反応とヨウ化水素の生成反応を比べるとわかるように、反応熱が大きいほど、また活性化エネルギーが小さいほど、反応速度は大きくなります。

触媒が反応速度に影響を与える理由

さて一般的に、反応速度が速いほど反応も速く終了するので便利です。このとき使われるのが**触媒**です。触媒とは、化学反応の前後でそれ自体は変化しないけれども、少量でも反応速度に大きな影響を与える物質のことです。触媒は、反応熱を大きくするのではなく、活性化エネルギーを下げることにより反応速度を増加させます。

図 11-2 のヨウ化水素の生成における活性化エネルギーは、触媒がないときは 178 kJ ですが、触媒として白金を使うと 49 kJ に下がり、これにより反応速度が劇的に増加します。

触媒と第一次世界大戦の密接な関わり

1914 年に始まった第一次世界大戦は、国家総力戦となって犠牲者も全世界で莫大な数になりましたが、戦争が始まった当初は「クリスマスまでには終わるだろう」と楽観的な見方が大半を占めていました。しかし、結果的には足かけ５年の長期戦になってしまったのです。この要因のひとつは、大戦直前、ドイツが火薬の原料の合成に成功したことがあげられます。このドイツの火薬製造に触媒が深く関わっているのです。

銃器に使われる火薬の製造には、硝酸が必要です。第一次世界大戦前のヨーロッパでは、この硝酸の原料に、チリで採掘される硝石（主成分は硝酸カリウム）を使用していました。しかし第一次世界大戦の直前、ドイツ人化学者のハーバーが、窒素と水素から触媒を使って効率的にアンモニアを合成することに成功し、このアンモニアを酸化することで硝酸を容易に製造することができるようになりました。つまり、チリから硝石を輸入しなくても硝酸が製造できるようになったのです。

これはドイツにとっては、当時世界最大の海軍国であるイギリスの艦隊が支配している大西洋を横断して硝石を運ぶ必要がなくなったことを意味し、大きなメリットのある発見でした。戦争中、海上封鎖によりドイツの硝石の輸入を阻止していたイギリスは、ドイツの火薬が底をつくはずの時期になっても、なぜ戦争を続けられるのか疑問に思いながら戦い続けていたようです。

現在でも、私たちが火薬や肥料の原料として使用しているアンモニアは、ハーバーが開発した方法と同じ原理で製造されています。

窒素と水素からアンモニアを合成する方法は、化学反応式で書くと次のようになります。

$$N_2 + 3H_2 \rightarrow 2NH_3$$

式はとても簡単ですが、活性化エネルギーは234kＪと大きいために、通常では反応を進めるのが難しいという特徴があります。しかし、この反応に鉄を中心とする触媒を使用すると、活性化エネルギーが234 kJから96 kJに下がります（それでも、500 ℃の高温で300〜500気圧の高圧という環境が必要でしたが)。この触媒を発見したことが、アンモニアの効率的な合成を成功させたのです。

12 反応中でも見かけ変わらず
化学平衡

冬の北極海では海氷が浮いています。この海氷と海水が接しているところでは、水から氷に変化する水分子の数と、氷から水に変化する水分子の数が等しくなっていて、見かけ上、海氷の大きさは変化しません。このような状態を平衡状態といいます。平衡状態のメカニズムを知ると、平衡状態を移動させることにより、目的の物質をたくさん作り出すことができます。

ポイント

❶化学反応において、生成物が分解して反応物に戻ってしまう反応（逆反応）もおこるとき、この反応を可逆反応といいます。

❷可逆反応で、見かけ上反応がおきていないように見えるとき、この反応は平衡状態にあるといいます。

❸ルシャトリエの原理を知ると、平衡がどちらに移動するか予測することができます。

❹平衡反応を調べて求められる平衡定数から、各成分のモル濃度を計算できます。

平衡状態とはどんな状態か

冒頭で北極海の海氷の例をあげましたが、これと同様のことは密閉した容器に水を入れたときにもおこります。最初、水は一部が蒸発して水蒸気になりますが、水蒸気が増えて飽和蒸気圧に達すると、蒸発する水分子の数と、凝縮する水分子の数が等しくなり、見かけ上は水の蒸発が止まったように見えます。この状態も平衡状態です。こうした例は、H_2O の状態変化における平衡状態ですが、化学反応でも平衡状態になるものがあります。

物質「A」と物質「B」を反応させて化合物「C」を作る化学反応があるとします。

$$A + B \rightarrow C$$

この反応を**正反応**としたとき、逆向きの

$$C \rightarrow A + B$$

の方向（これを**逆反応**と呼びます）にも反応が進むことがあります。C が生成する正反応と分解する逆反応が両方おきることを**可逆反応**といいますが、その結果、C のモル濃度が見かけ上一定になっているとき、この反応は**平衡状態**にあるといいます。

では、可逆反応はどういうときにおき、平衡状態とは具体的にどのような状態のことなのでしょうか。まず、水素の燃焼という反応速度が速い反応について見てみます。

$$2H_2 + O_2 \rightarrow 2H_2O$$

この反応がおきて、H_2O が 1.0 mol 生成するときには、286 kJ というたいへん大きな熱が発生します。そのため、あっという間にすべての水素が水に変わってしまい、平衡状態にはなりません。一般的に反応熱が大きく、反応速度が速い化学反応では、逆反応はおきません。このタイプの反応を**不可逆反応**といいます。

では、水素とヨウ素からヨウ化水素が生成する反応速度が遅い反応ではどうでしょうか。

$$H_2 + I_2 \rightarrow 2HI$$

この反応によってヨウ化水素 HI が 1.0 mol 生成するときには、9.0 kJ しか発熱しません。

水素とヨウ化水素の気体は無色で、ヨウ素の気体は紫色です。水素とヨウ素を密閉容器に入れて一定温度に保つと、この反応は右向きに進んでヨウ化水素が生成し（これを正反応とします）、ヨウ素のせいで紫色だった容器の中の気体の色は次第に薄くなっていきますが、完全に無色にはなりません。

また、ヨウ化水素のみを密閉容器に入れて一定温度に保つと、水素とヨウ素に分解する反応が進んで、容器内は無色から紫色に変化していきますが、やはりヨウ化水素がなくなることはありません。つまりこの反応は、9.0 kJ という小さい熱しか発生しない発熱反応なので、逆向きにも反応がおきるのです。

このように、正反応と逆反応の両方がおきる反応を可逆反応といいますが、可逆反応では、ある時間が経過すると、正反応の速度と逆反応の速度が等しくなり、見かけ上反応が停止しているように見えます。この状態は、見かけ上は反応系の変化はありませんが、正反応、逆反応が停止している状態ではなく、正反応と逆反応が等しい速度でおきている状態です。この状態を平衡状態といいます。

平衡状態をとることのできる化学反応は、反応式の矢印（→）の下に逆向きの矢印（←）も書いて、次のように表します。

$$H_2 + I_2 \rightleftarrows 2HI$$

ルシャトリエの原理

窒素と水素が反応してアンモニアが生成するという化学反応は、代表的な可逆反応です。アンモニアを酸化することによってできる硝酸は、肥料や火薬の原料となるので、工業的にとても重要な反応です。

$$N_2 + 3H_2 \rightleftarrows 2NH_3 (+92kJ)$$

アンモニア NH_3 をたくさん得るためには、平衡状態をなるべく右に偏らせる工夫が必要です。ルシャトリエの原理を応用すれば、これが可能になります。

19 世紀末、フランスのルシャトリエは「可逆反応が平衡状態にあるとき、平衡に影響を与える条件が変化すると、その影響をやわらげる方向へ平衡が移動して新しい平衡状態になる」ということを発見しました。発見した人の名前をとって、この原理を**ルシャトリエの原理**といいます。

では、平衡状態にある反応系に、外部から平衡に影響を与えるいろいろな条件を変えると、平衡状態がどのように変化するのかを考えてみましょう。

①濃度を変化させる

平衡状態にあるときに、新たに水素を加えたとします。すると、「影響をやわらげる方向」つまり水素が減ってアンモニアが生成します。また、生成したアンモニアを取り除くと、再び平衡が移動してアンモニアが生成してきます。

②圧力容器の体積を変化させて、圧力を変化させる

圧力容器の体積を変化させると圧力が変化します。体積を小さくすると圧力が大きくなるので、単位体積あたりの粒子の数が増えます。すると、ルシャトリエの原理から粒子を減らす方向に平衡が移動します。

この反応が右側に進むとき、窒素 N_2 1分子が水素 H_2 3分子と反応し、2分子のアンモニア NH_3 ができるので、全体では2分子減少したことになります。逆にこの反応が左側に進むときは2分子増加することになります。つまり、アンモニアを多く得るためには、圧力を大きくすると有利です。

③温度を変化させる

温度を変化させたとき、たとえば温度を上げたときは、その影響をやわらげる方向に平衡が移動するので、反応系の温度を下げる方向、つまり吸熱方向であるアンモニアが

水素と窒素に分解する方向に平衡が移動します。アンモニアを多く得るためには、反応系を冷やしたほうが発熱方向に平衡が移動するので、有利なことがわかります。

④触媒を加える

触媒を加えると、活性化エネルギーが小さくなって反応速度が速くなります。ただし、正反応と逆反応両方の速度がともに大きくなるので、平衡状態は変化しません。

以上の①〜④から考えて、なるべくたくさんのアンモニアを得るためには、原料の水素と窒素を供給しながら、生成したアンモニアを取り除き、高圧、低温で反応させるのがよい、ということになります。ただし、高圧がよいといっても装置の耐久性には限度がありますし、低温にすると、たとえ触媒を使っていてもアンモニアの生成速度が遅くなり時間がかかります。そこで、現在は300〜500気圧、500℃前後にして、**図12-1**のような仕組みでアンモニアを合成しています。

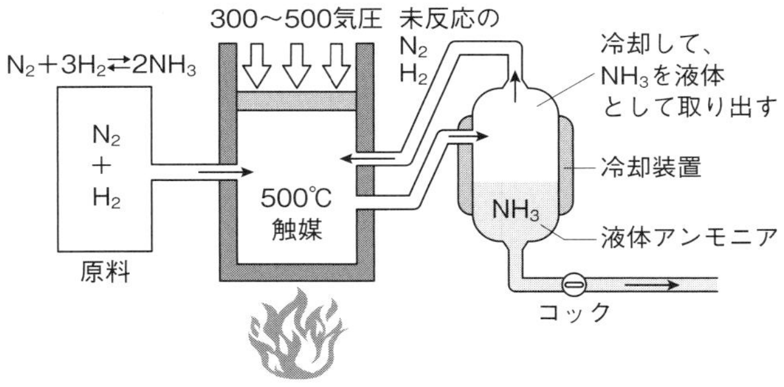

図12-1　アンモニア合成の仕組み

可逆反応での量的関係

化学反応で、生成物がどれだけできるのかを予想するのはとても大事な問題です。不可逆反応では化学反応式の量的関係から計算できますが、平衡反応でも、生成物がどれくらい得られるのかがわかると便利です。ではどのように計算すればよいのでしょうか。水素 H_2 とヨウ素 I_2 を反応させたときを例として考えてみましょう。

H_2 と I_2 を反応させたときのヨウ化水素 HI の生成速度、つまり正反応の反応速度を v_1、HI の分解速度、つまり逆反応の反応速度を v_2 とし、それぞれの速度定数を k_1、k_2 とすると、次のように表されます。

$$v_1 = k_1 [H_2][I_2]$$
$$v_2 = k_2 [HI][HI] = k_2 [HI]^2$$

平衡状態では $v_1 = v_2$ なので

$$k_1 [H_2][I_2] = k_2 [HI]^2$$

式を変形して定数についてまとめます。

$$\frac{k_1}{k_2} = \frac{[HI]^2}{[H_2][I_2]}$$

このとき、k_1、k_2 の速度定数は温度が一定ならば定数として扱うことができるので、$\frac{k_1}{k_2}$ も温度で決まる定数となります。これを大文字の K で表し、この K を可逆反応の**平衡定数**といいます。

この式を使えば、ヨウ素と水素を反応させたとき、ヨウ化水素がどれくらい生成するかを予想することができます。たとえば、1 L の体積の密閉容器に水素 1.0 mol とヨウ素 1.0 mol を封入し、ある温度に保ったとき、ヨウ化水素は何 mol 生成するのか計算してみます。この温度の平衡定数 K を 64 とします。

もしこの反応が不可逆反応なら、$H_2 + I_2 \rightarrow 2HI$ より水素とヨウ素が 1.0 mol ずつ完全に反応するとヨウ化水素は 2.0 mol 生成します。しかしこの反応は可逆反応なので、水素とヨウ素が完全に反応してすべてがヨウ化水素になることはありません。そこで、平衡状態に達するまでに、H_2、I_2 がそれぞれ X[mol] ずつ反応したとすると、以下のような方程式が成り立ちます。

	H_2 +	I_2 ⇄	2HI
反応前	1.0	1.0	0
反応量	$-X$	$-X$	$+2X$
平衡時	$1.0-X$	$1.0-X$	$2X$

$$K=\frac{[HI]^2}{[H_2][I_2]}=\frac{(2X)^2}{(1.0-X)(1.0-X)}=64$$

この方程式を解くと、$X=0.80$ となるので、ヨウ化水素は $0.80\times 2=1.60$ mol 生成することがわかります。

平衡定数は、温度が一定ならば H_2、I_2、HI の濃度にかかわらず 64 なので、この平衡状態に水素を追加した場合でも、同じように計算をおこなうことにより、ヨウ化水素がさらに生成してくる量を算出することができます。

13 すっぱさの正体はH^+
酸と塩基、中和反応

コンビニで売っているおにぎりやお弁当には、食品添加物のpH調整剤が入っています。pHは「ピーエイチ」と読み、酸性、塩基性の強さを表す指標で、pHを調整して弱酸性にすると細菌が繁殖しにくくなり、賞味期限を延ばすことができるからです。ふだん酸性や塩基性を意識することは少ないですが、生物の活動や環境に大きな影響を与えます。

ポイント

❶酸、塩基の定義にはいくつかありますが、酸は「H^+を放出できる物質」、塩基は「H^+を受け取れる物質」と定義すると便利です。

❷酸と塩基の強さはpHという数値で表すことができます。pH 7が中性で、それより大きいと塩基性、小さいと酸性です。

❸酸、塩基は1価、2価……という価数による基準と、「強い」「弱い」という基準で分類できます。

❹酸とアルカリを混ぜると中和反応がおこり、塩《えん》と水ができます。中和反応を利用して、溶けている酸または塩基の濃度を求めることを中和滴定といいます。

酸、塩基の定義

酸性、**塩基性**という言葉は聞いたことがあると思います。塩基性は、中学まではアルカリ性といいますが、高校以降の化学では塩基性といいます（その理由は後ほど解説します）。

酸性と塩基性の区別は、化学ではとても大切な考え方です。では、そもそも何を基準にして酸性、塩基性を区別しているのでしょうか。

酸性を示す物質を**酸**といいます。みなさんは、酸というとどんなものをイメージしますか。レモン果汁、お酢、塩酸、酸性雨などでしょうか。それ以外にも硫酸、ヨーグルトなども酸性を示す物質です。これら酸と呼ばれる物質の定義は、「水に溶けたときに水素イオンH^+を放出する物質」です。酸性のものをすっぱいと感じるのは、舌がH^+を酸味として受け取っているからです。

では、塩基性を示す物質を**塩基**といいますが、塩基には何があるでしょうか。有名なものはアンモニア、水酸化ナトリウムがありますが、せっけんや重曹も塩基です。

これら塩基と呼ばれる物質の定義は、当初「水に溶けたときに水酸化物イオンOH^-を放出する物質」でした。この定義に当てはまるものは、水酸化ナトリウム$NaOH$に代表されるように、化合物中にOHをもつ物質が該当します（これを提唱した科学者の名前をとって「アレニウスの定義」といいます）。

しかし、この定義では、OHをもたないけれども塩基としての性質をもつアンモニアNH_3を塩基に含めることができません。そこでこの定義をもうちょっと拡大して、「塩基とは水素イオン H^+ を受け取る物質のこと」と修正されました。

そもそもなぜ OH^- をもつ物質が塩基になれるのかというと、

$$OH^- + H^+ \rightarrow H_2O$$

という反応によって、H^+ を消費できるからなのです。つまり塩基としての性質は、OH^- の存在にあるのではなく、H^+ を受け取れるという能力にあると考えれば、アンモニアは、

$$NH_3 + H^+ \rightarrow NH_4^+$$

の反応によって、自身で H^+ を受け取れるため、塩基としての性質をもつと説明することができます（これを提唱した２人の科学者の名前をとって「ブレンステッド・ローリーの定義」といいます）。

ここでいったん整理すると、ブレンステッド・ローリーの定義に基づく酸と塩基の定義とは、「酸とは水溶液中で H^+ を放出し、塩基とは H^+ を受け取ることのできる物質である」となります。

水のイオン積

では、酸性でも塩基性でもない状態、すなわち中性では H^+ や OH^- がまったく存在しないのかというと、そうではありません。代表的な中性物質である純粋な水でも、H^+ や OH^- はごくわずかに存在しています。しかし、H^+ のモ

ル濃度とOH^-のモル濃度がそれぞれ10^{-7}mol/Lで等しくなっているために、結果として中性になっているのです。

このときの水素イオンのモル濃度［H^+］と、水酸化物イオンのモル濃度［OH^-］の積は、$10^{-14}(mol/L)^2$となります。この値は常に一定値をとります。これを**水のイオン積**といい、K_Wという記号を使って次のように表します。

$$K_W = [H^+][OH^-] = 10^{-14}(mol/L)^2$$

この式からわかるとおり、［H^+］と［OH^-］は反比例するので、［H^+］が大きくなると［OH^-］は小さくなり、［H^+］が小さくなると［OH^-］は大きくなります。常にバランスが保たれているわけです。これを満たす条件の中で、唯一［H^+］=［OH^-］となるときが、［H^+］=［OH^-］=10^{-7}mol/Lのとき、すなわち中性のときなのです。

中性である純水に酸を溶かすと、［H^+］>［OH^-］となり、H^+が多くなるため酸性を示します。逆に純水に塩基を溶かすと、［H^+］<［OH^-］となり、OH^-が多くなって塩基性を示します。

つまり、酸性とは［H^+］が10^{-7}mol/Lより大きい状態であり、中性とは［H^+］が10^{-7}mol/Lのときの状態であり、塩基性とは［H^+］が10^{-7}mol/Lより小さい状態だということになります。ただ、このままの状態では、数値が小さすぎてわかりにくいので、対数を用いて身近な数字に変換したものがpHです。

$$pH = -\log_{10}[H^+]$$

式で書くと難しいですが、要するにH^+を10^{-7}mol/Lというようにモル濃度で表したときの、指数部分からマイナス記号をとった値です。これを用いると、酸性とはpH<7、中性がpH=7、塩基性がpH>7となります。

酸と塩基を分類する

酸と塩基はたくさんありますが、この酸と塩基の分類には、「**価数**」による分け方と「**強弱**」による分け方の2つがあります。この分類にしたがって、代表的なものを**表13-1**にまとめました。

表13-1　代表的な酸と塩基

	酸		塩基	
	強酸	弱酸	強塩基	弱塩基
1価	塩酸 HCl 硝酸 HNO_3	酢酸 CH_3COOH	水酸化ナトリウム NaOH	アンモニア NH_3
2価	硫酸 H_2SO_4	炭酸　H_2CO_3 シュウ酸 $(COOH)_2$ 硫化水素 H_2S	水酸化 カルシウム $Ca(OH)_2$	水酸化 マグネシウム $Mg(OH)_2$

「価数」は、酸の場合はH^+をいくつ放出できるか、塩基の場合はH^+をいくつ受け取れるかということを表します。「硫酸は2価の酸」、「水酸化カルシウムは2価の塩基」というように使います。

「強弱」は強い酸か弱い酸か、強い塩基か弱い塩基かということです。酸と塩基における「強い」とは「電離度が大きい」ということを表しています。電離とは、物質を水に溶かして水溶液にしたときに、陽イオンと陰イオンに分かれることを指します。

たとえば塩化水素HClなら、濃度の薄い水溶液にすると水素イオンH^+と塩化物イオンCl^-に電離して塩酸となります。このとき、

$$\text{電離度} = \frac{\text{(電離した分子のモル)}}{\text{(すべての分子のモル)}}$$

と定義すると、濃度の薄い塩酸の電離度は1.0になります。電離度が1.0に近いものを「強い」、逆に0に近くてほとんど電離しないものを「弱い」と定義しています。濃度の薄い塩酸は電離度が1.0なので「強酸」と呼ぶのです。

濃度の薄い塩酸に対し、「弱い」酸の代表的なものが酢酸です。酢酸は次のように電離します。

$$CH_3COOH \rightleftarrows CH_3COO^- + H^+$$

しかし塩化水素とは異なり、ごくわずかしか電離しません。酢酸分子が100個あったら、そのうちのたった1個しか電離せず、残りの99個は分子のままでいます。つまり、電離度は0.010です。

同じことが塩基についてもいえます。強塩基の水酸化ナトリウムNaOHは、ナトリウムイオンNa^+と水酸化物イオンOH^-に完全電離します。また、弱塩基のアンモニアNH_3は、ほんの一部のみが次のように水分子と反応してアンモニウムイオンNH_4^+となり、ほとんどが分子のNH_3のままになっています。

$$NH_3 + H_2O \rightleftarrows NH_4^+ + OH^-$$

ところで、「強い」「弱い」という区別はずいぶんとあいまいだなと思われたかもしれません。その感想は正しくて、たとえば強酸である塩酸と弱酸である酢酸を比べ、どちらが酸性が強いのか考えると、同じモル濃度なら当然塩酸のほうが酸性は強いのですが、仮に塩酸のほうがずっと濃度が薄いとすると、どちらが強い酸性なのかは、H^+のモル濃度を比較しないとわかりません。

一例として、電離度1.0である0.00010 mol/Lの塩酸と、電離度0.010である0.10 mol/Lの酢酸の酸の強さを比べてみましょう。H^+のモル濃度は「溶質のモル濃度×電離度」で計算できるので、塩酸から放出されるH^+は、

$$0.00010(\mathrm{mol/L}) \times 1.0 = 0.00010\mathrm{mol/L} = 1.0 \times 10^{-4}\mathrm{mol/L}$$

よってpHは4です。一方、酢酸から放出されるH^+は、

$$0.10(\mathrm{mol/L}) \times 0.010 = 0.0010\mathrm{mol/L} = 1.0 \times 10^{-3}\mathrm{mol/L}$$

よってpHは3です。酢酸のほうがpHが小さいので、この場合は酢酸のほうが酸性は強いという結果になります。

このように、pHを使うと数値で液性が判断できるので非常に便利です。

酸と塩基を混ぜると塩ができる

強い酸性、強い塩基性は生物にとっても有害ですし、環境にも悪影響を与えます。そこで、酸と塩基を混ぜてお互

いの性質を打ち消しあう**中和**という操作が必要になるときがあります。また、濃度がわからない酸の水溶液があったときに、濃度のわかっている塩基をどれくらい加えれば中和できるかを調べれば、酸の水溶液の濃度を知ることができます。

ここでは、塩酸と水酸化ナトリウム水溶液を混ぜたときにおこる反応を見てみましょう。

$$HCl + NaOH \rightarrow NaCl + H_2O$$

塩酸からはH^+が、水酸化ナトリウムからはOH^-が放出されるため、

$$H^+ + OH^- \rightarrow H_2O$$

の反応によって水が生じます。それ以外のイオンであるCl^-とNa^+からは、NaClが生じます。このような酸と塩基の反応を**中和反応**といい、水以外の生成物（この反応ではNaCl）を**塩**《えん》と呼びます。

他の中和反応も見ていきましょう。硫酸と水酸化ナトリウムの反応では以下の反応がおきます。

$$H_2SO_4 + 2NaOH \rightarrow Na_2SO_4 + 2H_2O$$

硫酸が2価の酸なのに対し、水酸化ナトリウムは1価の塩基なので、同じ物質量で反応させると硫酸は半分しか反応せず、完全には中和しません。そこで水酸化ナトリウムは硫酸の2倍の物質量が必要となります。完全に中和したときに生成する塩は硫酸ナトリウムです。

では、酸性の水溶液に塩基性の水溶液を少しずつ加えていったときのpHの変化について考えてみましょう。**図13-1**は、塩酸HClと酢酸CH_3COOHに、それぞれ水酸化ナトリウムNaOHを少しずつ加えていったときのpHの変化を表したグラフです。中和されるまで直線的にpHが変わるのかと思いきや、最初はほとんど変化しないのに、酸と塩基の物質量が等しくなったところで劇的に塩基性側まで変化しています。この操作を**中和滴定**といい、pHの変化をグラフにしたものを**滴定曲線**といいます。

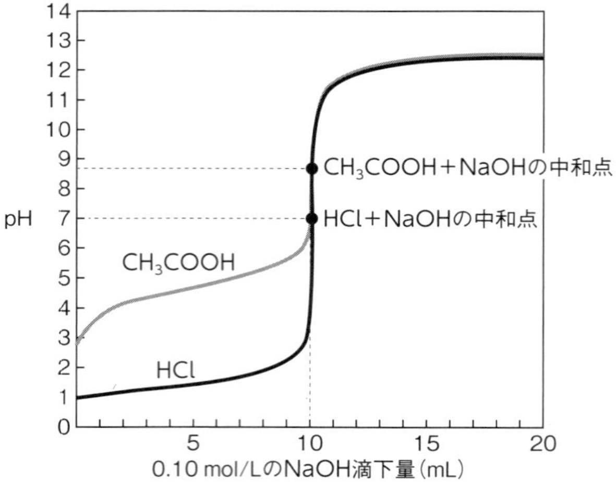

図13-1　0.10 mol/Lの塩酸10.0 mlと、同じ濃度の酢酸10.0 mlを、0.10 mol/Lの水酸化ナトリウム水溶液で中和したときの滴定曲線

このように、中和滴定では滴定曲線の中和点付近で大きくpHが変化します。これを利用して、仮に酸の濃度がわ

からなくても、pHの変化によって色が変わる薬品を酸性の溶液のほうに入れておけば、中和点を過ぎると色が変化するので濃度を求めることができます（たとえばフェノールフタレインは、酸性および中性では無色ですが塩基性では赤紫色になります）。

アルカリと塩基、呼び方が違うのはなぜ？

小学校、中学校では、酸・アルカリという用語で学習しますが、高校では酸・塩基と言い方が変わります。アルカリと塩基はどう違うのでしょうか。なぜ、小中学校と高校で呼び方を変えるのでしょうか。

アルカリという言葉は、アラビア語の「灰」という意味のkaliに由来します。植物または海の藻類の灰の浸出液は強いアルカリ性をもつので、これらの灰の主成分である炭酸カリウムと炭酸ナトリウムをアルカリ、そこに含まれるカリウムやナトリウムが属する周期表1族の金属元素をアルカリ金属というグループ名で呼ぶようになったのです。

つまり、アルカリとはアルカリ金属やアルカリ土類金属の水酸化物か炭酸塩を指し、アルカリ性とはそれらが水溶液になったときの性質を表す言葉でした。そのため、以前は気体のアンモニアはアルカリの概念には含まれていませんでした（現在ではアンモニアをアルカリ、アンモニア水溶液の性質をアルカリ性といっても間違いではありません）。中学では「アルカリ性」というのに、高校で「塩基性」というのは、「塩基性」のほうがより広い範囲の物質を含めることができるからなのです。

14 酸化還元は電子のやりとり
酸化剤と還元剤

「錆びる」「酸化する」というと悪いイメージがあると思います。鉄が「錆びる」とは、ぼろぼろになって使えなくなってしまうことですし、食品が「酸化する」というと味が悪くなってしまうことです。「錆びる」「酸化する」とは化学的にはどのように説明すればよいのでしょうか。

ポイント

❶酸化と還元は、電子のやりとりとして捉えられます。

❷ある原子が電子を失ったときに「その原子は酸化された」、電子を受け取ったときに「その原子は還元された」といいます。

❸化学反応で酸化された原子と還元された原子をすぐ見分けるために、酸化数があります。

❹反応の相手を酸化する物質を酸化剤、還元する物質を還元剤といい、両者が反応することが酸化還元反応です。

酸化還元とは電子のやりとり

鉄が錆びる、食品が酸化する、とは鉄や食品が空気中の酸素と化合することです。

鉄が錆びないように塗装するのは、鉄を酸素と触れさせないのが目的です。食品では、より酸化されやすいものを酸化防止剤として添加して、食品の身代わりに酸化されてもらうという工夫をしています。ペットボトルのお茶に、酸化防止剤としてビタミンCが添加されていますが、それはビタミンCがお茶の成分よりも酸化されやすいためです。一方、酸化の逆で、酸化されたものから酸素を取り除くことを「還元する」といいます。

このように、酸化とは「酸素原子を得ること」であり、還元とは「酸素原子を失うこと」です。たとえば、銅Cuを空気中で加熱したときは、銅は酸化されて酸化銅CuOになります。

$$2Cu + O_2 \rightarrow 2CuO$$

しかし、化学反応には酸素が関わっていないものもあります。そこで、酸素のやりとりではなく、電子のやりとりとして酸化還元を考えると、酸素が関わっていない化学反応も扱うことができて便利です。一例として、熱した銅Cuを塩素Cl_2に入れると塩化銅$CuCl_2$になる、という反応について見てみましょう。

$$Cu + Cl_2 \rightarrow CuCl_2$$

このとき、反応後のCuは酸化されてCu^{2+}の陽イオンになり、塩素 Cl は還元されて Cl^- の陰イオンになったと考えることができます。

現在では、電子のやりとりをもとに、酸化還元の定義は「**酸化**とは電子を失うこと」、「**還元**とは電子を得ること」とされています。この考え方はつまり、酸化が生じたらどこかで必ず還元が生じているということを表しています。そこで両者をまとめて**酸化還元反応**と呼びます。

さて、先ほどの反応で生成した酸化銅を水素と反応させると、以下の反応がおきます。

$$CuO + H_2 \rightarrow Cu + H_2O$$

この反応を酸素の動きで考えると、酸化銅 CuO は酸素を失ったので還元されており、水素 H_2 は酸素を得たので酸化されたと説明できます。

しかし、これを電子の動きで考えると、銅原子 Cu は、銅イオン Cu^{2+} と酸化物イオン O^{2-} のイオン結合の状態から単体の Cu になったので、電子を 2 個もらった、よって還元されたと考えることができます。また水素 H_2 は、水 H_2O になったので、電気陰性度が大きい酸素原子のほうに水素原子から電子が奪われたといえるので（電気陰性度については第 3 項を参照）、水素原子は酸化されたと考えられるのです。そして、酸素原子については酸化も還元もされていないと考えることができます。

このように電子の動きで考えると、ひとつひとつの原子について明確に酸化と還元を定義することができるという大きなメリットがあります。酸化還元反応では、電子を奪って相手を酸化する作用をもつ物質を**酸化剤**、電子を与えて相手を還元する作用をもつ物質を**還元剤**といいます。つまり、鉄が錆びたり、食品が酸化する（正しくは「食品が酸化される」ですね）ということは、酸化剤である酸素によって鉄や食品が電子を失うことだといえるわけです。酸化剤、還元剤という用語はこれからもたびたび出てくるので覚えておいてください。

酸化数

酸化還元反応とは電子のやりとりだということがわかりました。しかし、実際の反応式から、すぐに酸化か還元かを判断するのは難しいこともあります。たとえばアンモニアを生成する次の反応式は、パッと見て原子ごとに電子を失ったか、もらったかを判断するのは大変です。

$$N_2 + 3H_2 \rightarrow 2NH_3$$

この反応式からすぐに電子のやりとりがわからないのは、アンモニア NH_3 が、イオン結合ではなく共有結合でできている物質だからです。しかし、N-H 間の共有結合では、電気陰性度が N 原子のほうが大きいので、H 原子が元からもっていた電子は N 原子側に寄っています。そこで、この共有結合を無理やりイオン結合にたとえると、N は電子をもらった、H は電子を失ったと考えることができます。

つまり N_2、H_2 の単体の状態から反応後に NH_3 となったことで、H は 1 個の電子を失った H^+ の状態、N は 3 個の

H 原子から合計 3 個の電子をもらった N^{3-} の状態と考えられるのです。最初の状態を 0 として、それぞれ電子の増減を数字で表すと、

H は 0 → ＋1　　N は 0 → －3

となり、H 原子は数字が増えたので酸化された、N 原子は数字が減ったので還元されたと表現できます。この数字は**酸化数**と呼ばれ、それぞれの原子がどれくらい酸化されているかを示した数字で、大きければ大きいほど酸化されていることを表します。酸化数を使うと、反応後に酸化数が増えていたらその原子は酸化された、酸化数が減っていたらその原子は還元されたということが一目でわかるので便利です。

酸化還元反応を利用した環境測定

工場からの排水、湖や海の水がどれくらい汚れているかを調べるのに、酸化還元反応が利用されています。

過マンガン酸カリウム $KMnO_4$ という紫色の固体結晶があります。この薬品は、硫酸で酸性にした水に溶かすときれいな赤紫色の水溶液になりますが、これを利用すると水がどれくらい汚れているのかがわかります。

方法としては、排水の中に過マンガン酸カリウム水溶液を加えていきます。過マンガン酸カリウムは強力な酸化剤で、反応すると過マンガン酸イオン MnO_4^- がマンガンイオン Mn^{2+} に変わり、色が赤紫色から薄いピンク色に変化します。排水が汚れていれば汚れているほど、汚れを酸化する

ための過マンガン酸カリウムが必要になるので、加えた過マンガン酸カリウムの量が汚れの指標になります。

水中の汚れの成分は、排水として湖や海に捨てられた後、水中の微生物が酸素を消費しながら酸化して分解していきます。このプロセスを過マンガン酸カリウムで無理やりおこすことにより、水の中の汚れを分解するのに必要な酸素の量（これを化学的酸素要求量＝Chemical Oxygen Demand、CODと略します）が求められるのです。

では、このとき過マンガン酸カリウムはどんな反応をしているのでしょうか。反応の際には過マンガン酸イオンMnO_4^-がマンガンイオンMn^{2+}に変わるので、

$$MnO_4^- \rightarrow Mn^{2+}$$

という式が考えられますが、これではイオン反応式として不完全です。そこで両辺に反応に関与する水素イオンや水、電子を加えます。

$$MnO_4^- + 8H^+ + 5e^- \rightarrow Mn^{2+} + 4H_2O$$

これは酸化還元反応のうちの半分、酸化剤として反応する部分のイオン反応式なので、半反応式といいます。CODの測定では、酸化されるものは排水中のさまざまな汚れであり、酸化される側の反応式はわからないので、過マンガン酸カリウムの半反応式がわかれば充分なのです。

複雑な酸化還元反応の化学反応式も、この半反応式を用いれば、酸化剤の半反応式と還元剤の半反応式を合体させて作り上げることができるので便利です。たとえば硫酸で

酸性にした過マンガン酸カリウムと過酸化水素を反応させたときに、化学反応式はすぐには書けません。

$$KMnO_4 + H_2O_2 \rightarrow ？？$$

でも、酸化剤と還元剤それぞれの半反応式を作ってから合体させれば、苦労しないで組み上げられます。

酸化剤としてはたらく過マンガン酸カリウムの半反応式と、還元剤としてはたらく過酸化水素の半反応式は、次のようになります。

$$MnO_4^- + 8H^+ + 5e^- \rightarrow Mn^{2+} + 4H_2O \quad \cdots ①$$
$$H_2O_2 \rightarrow O_2 + 2H^+ + 2e^- \quad \cdots ②$$

ちょうど電子を同じ量だけ放出し、受け入れるようにするために①を2倍し、②を5倍します。すると①×2+②×5より、

$$2MnO_4^- + 16H^+ + 10e^- \rightarrow 2Mn^{2+} + 8H_2O$$
$$+)\qquad 5H_2O_2 \rightarrow 5O_2 + 10H^+ + 10e^-$$

$$2MnO_4^- + 16H^+ + 5H_2O_2 + 10e^-$$
$$\rightarrow 2Mn^{2+} + 8H_2O + 5O_2 + 10H^+ + 10e^-$$

両辺に $10e^-$ があり、同じ量の電子が移動したことがわかります。そこでこれは消去し、さらに H^+ が両辺にあるので、両辺から $10H^+$ を引いてすっきりさせます。

$$2MnO_4^- + 6H^+ + 5H_2O_2 \rightarrow 2Mn^{2+} + 8H_2O + 5O_2$$

これが、イオン反応式です。つづいて、これを化学反応式に直します。過マンガン酸カリウムは硫酸に溶かしてあるので、反応式中の H^+ は硫酸 H_2SO_4 から放出されたものです。また、MnO_4^- はもともと $KMnO_4$ から電離したものなので、K^+ も存在します。この2つのイオンを用いてすべてのイオン式を化学式にします。

$$2KMnO_4 + 3H_2SO_4 + 5H_2O_2 \rightarrow 2MnSO_4 + 8H_2O + 5O_2$$

しかしこれでもまだ終わりではありません。左辺で使った2つの K^+ と1つの SO_4^{2-} が余っています。これらをくっつけて右辺に K_2SO_4 を加えると、化学反応式が完成します。

$$2KMnO_4 + 3H_2SO_4 + 5H_2O_2 \\ \rightarrow 2MnSO_4 + 8H_2O + 5O_2 + K_2SO_4$$

いきなりこの化学反応式を書こうとしても混乱してしまいますが、酸化剤と還元剤の半反応式があれば、どんな反応でも化学反応式を作ることが可能です。

酸化還元滴定

この酸化還元反応を使って、中和滴定と同じように、酸化剤、還元剤のどちらかのモル濃度がわかっているときには、もう一方のモル濃度を求めることができます。中和滴定ではちょうど酸から放出された H^+ の物質量と、それを受け入れる物質（つまり OH^-）の物質量が一致したときが中和であり、終点でした。酸化還元滴定では、還元剤から放出される電子の物質量と、酸化剤が受け取れる電子の物質量が一致したときが終点です。

先ほどの反応を例にして、濃度未知の過酸化水素 H_2O_2 水溶液 20.00 mL を 0.02000 mol/L の過マンガン酸カリウム $KMnO_4$ 水溶液で滴定して、過酸化水素水溶液の濃度を求めるケースを考えます。三角フラスコに入れた過酸化水素水溶液に過マンガン酸カリウム水溶液を加えると、酸化還元反応がおきるため、過マンガン酸カリウム水溶液の赤紫色がすぐに消えて薄いピンク色に変わります。さらに過マンガン酸カリウム水溶液を加えていって、完全に過酸化水素が酸化還元反応により消費されると、加えられた過マンガン酸カリウム水溶液の赤紫色が消えなくなります。この赤紫色が消えなくなった瞬間が反応の終点です。たとえば、10.00 mL 加えたときが反応の終点だったとすると、酸化剤から受け取る電子のモル数は次のようになります。

$$0.02000(\text{mol/L}) \times 0.01000(\text{L}) \times 5 = 0.001000(\text{mol})$$

これが還元剤が放出する電子のモル数と等しいので

$$X(\text{mol/L}) \times 0.02000(\text{L}) \times 2 = 0.001000(\text{mol})$$

となって、これを解くと $X = 0.02500(\text{mol/L})$ となり、過酸化水素 H_2O_2 水溶液のモル濃度がわかります。この操作を**酸化還元滴定**といいます。

先ほど紹介した COD は、この酸化還元滴定を利用しています。過マンガン酸カリウムによって酸化された汚染物質が、もし酸素によって酸化されたら 1.0 L あたり何 mg

の酸素を消費するかという数値で表します。指標として、数値が1.0 mg/L 以下ではとてもきれいな水、10 mg/L を超えるとかなり汚染された水ということになっています。

15 金が永遠に輝くわけ
金属のイオン化傾向

周期表には、金属元素は80種類以上もあります。金や銀、鉄が金属なのは誰もが知っていますが、ナトリウムやカルシウムもじつは金属です。みなさんがナトリウムやカルシウムに金属というイメージをもちにくいのは、これらの元素が陽イオンになりやすい性質のため、自然界では単体の状態で存在していないからです。このように周期表にたくさんある金属元素は、陽イオンになりやすさに差があります。これを金属のイオン化傾向といいます。

ポイント

❶金属の単体は、すべてのものが陽イオンになりえるので、還元剤としてはたらきます。

❷陽イオンへのなりやすさは、還元力の強さを意味し、金属ごとに異なります。

❸イオン化傾向が大きいナトリウムやカルシウムは、放置していただけで酸化されてイオンになってしまうので、自然界では単体の状態では存在していません。

❹逆にイオン化傾向が小さい金や白金（プラチナ）は、イオンになりにくいので、自然界では単体の状態で産出されます。

貸そうかな、まああてにすな……

「塩酸に金属を入れると溶けて水素が発生する」、このことはみなさん習ったことがあると思います。しかし、金属といってもいろいろな金属があり、どの金属でも水素が発生するわけではありません。たとえば鉄やマグネシウムに塩酸を加えると水素が発生しますが、銅や銀に塩酸を加えても何も反応はおこりません。これは、銅や銀に比べ、鉄やマグネシウムがイオンになりやすいのが原因です。

なぜイオンになりやすい金属は塩酸と反応するのでしょうか？　イオンになりやすい金属の代表であるマグネシウムを例にして考えてみましょう。

マグネシウムを塩酸に入れると、以下のような化学反応がおきます。

$$Mg + 2HCl \rightarrow MgCl_2 + H_2$$

反応後の塩化マグネシウム $MgCl_2$ は、マグネシウムイオン Mg^{2+} と塩化物イオン Cl^- のイオン結合による物質なので、この反応によりマグネシウムはイオンになったと考えることができます。つまり、この反応はマグネシウムが還元剤としてはたらいて、電子を失ってマグネシウムイオンに変化した酸化還元反応です。このとき還元された物質は H^+ で、電子を受け取って H_2 となったのです。

しかし、銅を塩酸に入れても反応はしません。これは、銅がマグネシウムに比べてイオンになりにくいからです。金属が塩酸に「溶ける」「溶けない」という、みなさんが日常的に使う表現は、金属がイオンになるかどうかを表しています。

以上のことから考えて、塩酸と反応する金属とは、水素イオンに電子を渡して自分が陽イオンになることができる金属、つまり水素よりもイオンになりやすい金属と定義することができます。このような視点で、いろいろな金属についてイオンになりやすい順番に並べたものを、**金属のイオン化傾向**といいます。

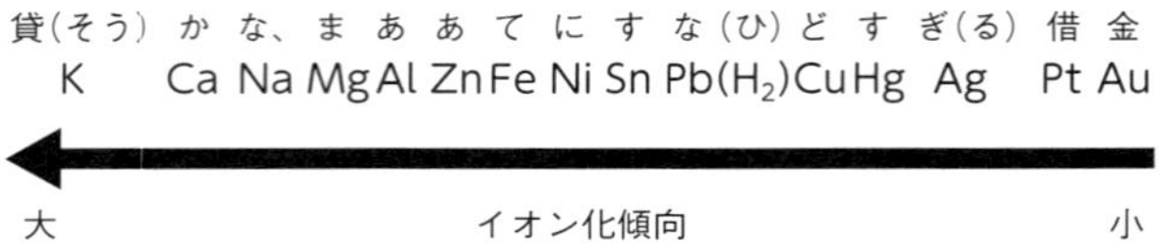

図15-1　金属のイオン化傾向

イオン化傾向が大きいということは、イオンになりやすく、その際にまわりの原子に電子を与えようとするので、強い還元剤となることを意味します。

図を見ると、ナトリウムやカルシウムは、マグネシウムよりもイオンになりやすい金属だということがわかります。電子をとても失いやすい、つまり陽イオンになりやすい金属は、自然界では単体の状態では存在することができません。ナトリウムやカルシウムと聞いてみなさんが金属をイメージすることはほとんどないと思いますが、それも当然というわけです。

図 15-1 では、金属のイオン化傾向なのに、水素 H_2 が含まれています。これは、塩酸などの酸と反応して水素を発生するかどうかを基準にして金属を並べているからです。

H_2よりもイオン化傾向が大きい金属は、水素イオンH^+と反応して水素を発生します。

このイオン化傾向を確認する実験として有名なものを紹介しましょう。亜鉛を硫酸に溶かすとできる硫酸亜鉛の水溶液に、銅板を浸しても何もおきませんが、硫酸銅の青い水溶液に亜鉛板を浸すと亜鉛のまわりに銅が析出してくるという実験です（銅が析出するにしたがって、硫酸銅水溶液の青色が薄くなっていきます）。

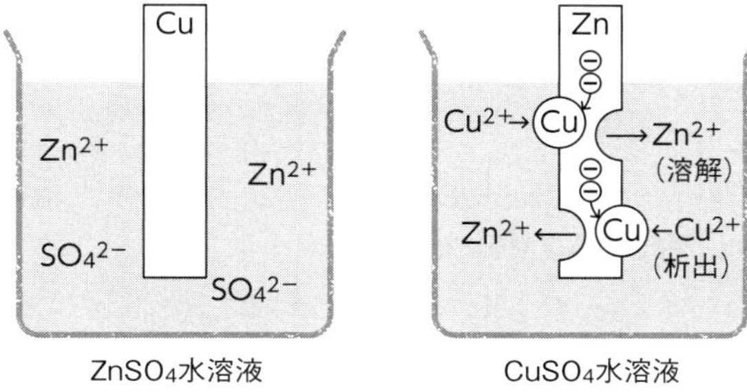

図15-2　亜鉛Znと銅Cuのイオン化傾向の違い

この実験の結果は、亜鉛Znと銅Cuのイオン化傾向の違いで説明できます。

硫酸亜鉛とは、硫酸イオンSO_4^{2-}と亜鉛イオンZn^{2+}のイオン結合からなる物質です。ここに銅板を浸すと、水溶液中にSO_4^{2-}とZn^{2+}とCuが存在することになります。このときは何もおきません。

しかし、硫酸銅の水溶液に亜鉛板を浸したときは、水溶液中にSO_4^{2-}とZnとCu^{2+}が存在することになります。このときには、Zn が Cu^{2+} に電子を 2 個渡して Zn^{2+} になり、Cu^{2+} が Zn から電子を 2 個もらって Cu になり、水溶液中に析出してきます。この結果は、Cu に比べ、Zn のほうがイオンになりやすいということを表しています。

また、硝酸に銀を溶かすとできる硝酸銀 $AgNO_3$ 水溶液に銅板を浸すと、銅板の表面に灰色の苔状の銀 Ag が析出してきます。しかし、硝酸銅 $Cu(NO_3)_2$ 水溶液に銀板を浸しても何もおきません。このことは、Ag に比べ、Cu のほうがイオンになりやすいということを表しています。

以上のことから、亜鉛、銅、銀のイオン化傾向の順番は亜鉛 Zn ＞銅 Cu ＞銀 Ag となり、**図 15-1** と一致していることがわかります。

イオン化傾向で見る金属の性質

金属のイオン化傾向と金属の化学的性質は密接に関わっていて、**表 15-1** のようにまとめられます。

イオン化傾向の大きいカリウム K、カルシウム Ca、ナトリウム Na は、空気中に放置すると速やかに酸化されます。マグネシウム Mg から銅 Cu までの金属は、空気中に放置すると表面から徐々に酸化され、酸化物の被膜を生じます。

これに対してイオン化傾向の小さい銀 Ag、白金 Pt、金 Au は、空気中では加熱しても酸化されず、いつまでも美しい金属光沢を保ちます。そのため貴金属と呼ばれます。

表 15-1　金属のイオン化傾向と金属の化学的性質

<table>
<tr><th>条件
金属</th><th>空気中での
反応</th><th>水との
反応</th><th>酸との
反応</th></tr>
<tr><td>K</td><td rowspan="3">速やかに
内部まで酸化</td><td rowspan="3">冷水と反応し
水素を発生</td><td rowspan="10">希酸に溶けて
水素を発生する</td></tr>
<tr><td>Ca</td></tr>
<tr><td>Na</td></tr>
<tr><td>Mg</td><td rowspan="8">常温で徐々に
酸化
表面に酸化被膜
を生じる</td><td>熱水と反応</td></tr>
<tr><td>Al</td><td rowspan="3">高温の水蒸気と
反応</td></tr>
<tr><td>Zn</td></tr>
<tr><td>Fe</td></tr>
<tr><td>Ni</td><td rowspan="8">反応しない</td></tr>
<tr><td>Sn</td></tr>
<tr><td>Pb</td></tr>
<tr><td>Cu</td><td rowspan="3">酸化力のある
酸に溶ける</td></tr>
<tr><td>Hg</td><td rowspan="4">酸化されない</td></tr>
<tr><td>Ag</td></tr>
<tr><td>Pt</td><td rowspan="2">王水にのみ
可溶</td></tr>
<tr><td>Au</td></tr>
</table>

酸との反応について考えると、イオン化傾向が水素よりも大きい金属は、塩酸や希硫酸に浸すと水素を発生しながら溶けます。これに対して、水素よりもイオン化傾向の小さい銅 Cu、水銀 Hg、銀 Ag は、塩酸や希硫酸には溶けません。

表 15-1 で書かれている希酸とは、塩酸や希硫酸を指します。硝酸、熱濃硫酸、王水は、酸化力のある酸として分けています。これは、酸化剤としてはたらく物質が希酸は H^+ であるのに対して、硝酸は NO_3^-、熱濃硫酸は SO_4^{2-}、王水は塩化ニトロシル NOCl と、H^+ よりも強く酸化剤としてはたらく成分を含んでいるからです。

これは何を意味するかというと、銅 Cu、水銀 Hg、銀

Ag が硝酸や熱濃硫酸に溶けるのは、H^+ に酸化されたのではなく、酸に含まれるより強い酸化剤と反応したのだということです。その証拠に、この反応では水素は発生しません。熱濃硫酸と反応させたときは硫酸の原料となる二酸化硫黄 SO_2 が、希硝酸では硝酸の原料となる一酸化窒素 NO が、濃硝酸ではやはり硝酸の原料となる二酸化窒素 NO_2 がそれぞれ発生します。

表 15-1 でイオン化傾向が小さい金や白金（プラチナ）は、古くから富の象徴として尊重されてきました。これは、金や白金がいかなる酸にも溶けないからです。しかしこの金や白金も絶対に溶けないわけではありません。濃塩酸と濃硝酸を 3：1 の体積比で混ぜた王水には、塩化ニトロシル NOCl という強力な酸化剤の作用で溶けるのです。

ノーベル賞の金メダルを溶かした男

ナチスドイツが政権を握った 1933 年頃から、ドイツ国内では政権に批判的な立場をとる人たちやユダヤ人への迫害が強くなっていました。これは科学者に対しても例外ではなく、ナチスに対して反抗的な態度をとっていたラウエ（X 線が電磁波であることを発見した物理学者）、ユダヤ人物理学者のフランク（原子の構造を実験で明らかにした物理学者）も有形無形の迫害を受けることになりました。

フランクはアメリカに亡命し、ラウエはドイツ国内にとどまり研究をつづけましたが、どちらもノーベル賞の受賞者でした。そこで、受賞の際に授与された金メダルをナチスに没収されないように安全な場所に移そうということになり、デンマークのニールス・ボーア研究所のヘヴェシー（同位体の研究で成果をあげた化学者）に２人の金メダルを預けました。アメリカに亡命したフランクは金メダルを国外に持ち出せなかったため、ドイツに残ったラウエは金メダルを安全な第三国に移そうと考えたためといわれています。

そして、とうとう第二次世界大戦が始まり、ドイツ軍がデンマークに侵攻してきます。ヘヴェシーはスウェーデンに逃げることを決意しますが、やはり金メダルを持って逃げるわけにはいきません（途中でもしドイツ軍に見つかると没収されてしまうからです）。しかし、研究所に置いておいても、留守の間にドイツ軍が来てやはり没収されてしまう恐れがあります。

そこで彼は一計を案じて、ドイツ軍がコペンハーゲンの街を行進しているのを横目に見ながら、２人分の金メダルを王水に溶かしてしまったのです！　王水に溶けた金はただの黄色の溶液で、金属光沢はわかりません。ヘヴェシーは金を溶かした王水の溶液を研究室の棚にしまって、スウェーデンに逃げました。ヘヴェシーはいずれこの戦争は連合国の勝利で終わり、研究所に帰ってこられると信じていたのです。

はたしてドイツは敗戦。終戦後に帰ってきたヘヴェシーは、研究所の棚にそのまま残っていた王水のビンを見つけました。彼はノーベル賞委員会に事情を話して、もう一度金メダルを王水から作り直してもらい、その金メダルは本来の持ち主のラウエとフランクに戻ったのです。

16 化学反応を電気に変える
いろいろな電池

乾電池、携帯電話に使われるリチウムイオン電池、車のバッテリーなど、電池は私たちの毎日の生活に欠かせないものです。それぞれの電池では、構造や使用されている材料はまったく違いますが、「酸化反応と還元反応をそれぞれ離れた場所でおこさせ、その間を導線でつなぐ」という電気エネルギーを取り出すための基本的なメカニズムは共通しています。ここでは、さまざまな電池について、その仕組みと長所、短所を紹介します。

ポイント

❶最も基本的な構造をもつダニエル電池を知ることは、電池の仕組みを理解することにつながります。

❷乾電池はダニエル電池の弱点である、持ち運びしづらいという欠点を克服した電池です。代表的なものとしてアルカリ乾電池、マンガン乾電池があります。

❸鉛蓄電池は得られる電圧が大きく、放電、充電が何回もできるという点が優れているため、現在でも幅広く使われています。

電池の原理

冒頭でも説明したとおり、電池の基本的なメカニズムは「酸化反応と還元反応をそれぞれ離れた場所でおこさせて、その間を導線でつなぐ」ことです。すると、酸化反応は電子を失う反応で、還元反応は電子を受け取る反応なので、電子が酸化反応のおきた場所から導線を通って、還元反応がおきる場所に移動します。このとき通過する電子によって、電気エネルギーを取り出すことができるのです。

このように電池は「化学エネルギーを電気エネルギーに変換する装置」ということができます。電池の種類は違っても、この基本的なメカニズムは共通しているのです。

ダニエル電池

酸化反応と還元反応を離れたところでおこす、とはどういうことでしょうか。実用的な電池として最も基本的な構造をもつ**ダニエル電池**をモデルに見ていきましょう。

まず、硫酸銅 $CuSO_4$ 水溶液に亜鉛板 Zn を入れたときを考えます。イオン化傾向は Zn ＞ Cu なので、亜鉛板は亜鉛イオン Zn^{2+} となって溶け出し、水溶液中の銅イオン Cu^{2+} は銅 Cu となって亜鉛板のまわりに固体となって出てきます（この現象を析出といいます）。これを半反応式で表すと次のようになります。

$$Zn \rightarrow Zn^{2+} + 2e^-$$
$$Cu^{2+} + 2e^- \rightarrow Cu$$

電子 e^- のやりとりはあるのですが、2 つの反応はともに亜鉛板上でおきているので、電子だけを取り出すことができません。しかし、この反応をそれぞれ別の場所でおこすことができれば、導線でつないで電子の流れを電気エネルギーとして取り出すことができるのです。そのための装置として**図 16-1** を考えてみます。

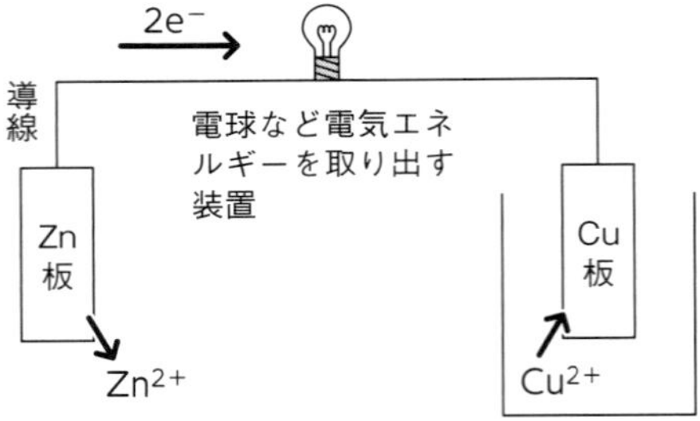

図 16-1　Zn と Cu のイオン化傾向の違いから電気エネルギーを取り出すための装置

ただし、この図には不都合なところがあるために、電流を流して電気エネルギーを取り出すことができません。どこが不都合で、どういうふうにすれば解決できるか説明します。

①亜鉛板が Zn^{2+} になって溶け出すためには、液体に浸かっていないといけません。

とはいっても、純水では電気を流さないので、少し電解質が溶け込んでいないといけません。そこで、どのような電解液がいいか考えると、まず陽イオンは Zn よりもイオン化傾向が同じか大きい必要があります。そうでないと、電解液中の陽イオンがZnから電子を奪って単体になり、析出してきてしまいます。こうして、金属のイオン化傾向からK^+、Ca^{2+}、Na^+、Mg^{2+}、Al^{3+}、Zn^{2+}に候補が絞られましたが、あとで充電により逆反応をおこすことを考えると、Zn^{2+}がよさそうです。

電解液中で陽イオンの相手となる陰イオンは何でもよいのですが、酸化剤や還元剤としてはたらきにくい安定なもの、という視点で考えると、硫酸イオンSO_4^{2-}がよさそうです。これで亜鉛板を浸す電解液は、硫酸亜鉛$ZnSO_4$水溶液に決まりました。

②電池もひとつの回路なので、電流が1周できるつくりになっていないといけません。

図16-1では、電子が亜鉛板から銅板に移動することにより、亜鉛板付近ではZn^{2+}が増え、銅板付近ではCu^{2+}が減ります。しかし、電極付近では陽イオンと陰イオンは必ず同じ量だけなければいけません。このままでは亜鉛板付近では陽イオンが増え続け、銅板付近では陽イオンが減る一方なので電流は流れません。

そこで、銅板が浸っている電解液（陰イオンはやはり安定な硫酸イオンSO_4^{2-}とし、電解液に硫酸銅$CuSO_4$水溶液を使用するとします）と、①で決めた電解液$ZnSO_4$水溶液が混ざらず、かつイオンが移動できるようにする必要があります。もし2つの電解液が自由に混ざってしまうと、亜鉛板のまわりにCu^{2+}が来てしまうので、銅の単体が亜鉛板のまわりに析出し、酸化反応と還元反応がひとつの場所でおこってしまうので、導線を電子が移動しなくなってしまいます。

この解決策は、セロハン膜で２つの電解液を区切るというものです。セロハン膜には小さな穴があって、イオンを少しずつ通すことができるので、SO_4^{2-}が $CuSO_4$ 水溶液側から $ZnSO_4$ 水溶液側に移動することにより、電流を流すことができるようになるのです。

この２つの解決策を適用し、電池としてきちんとはたらく状態にしたものが**図 16-2** です。ダニエル電池という名称は、発明した人の名前にちなんでつけられました。

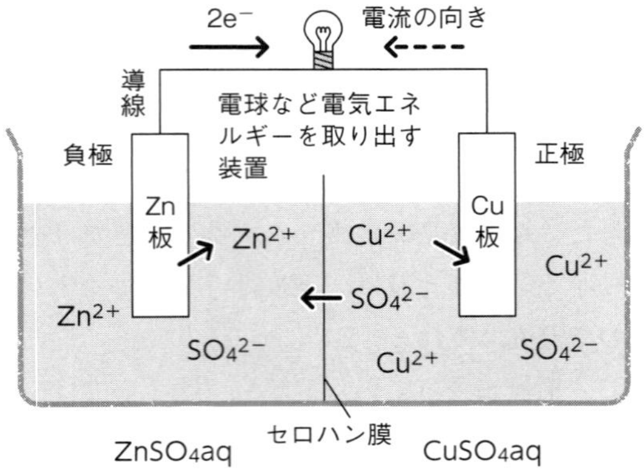

図 16-2　ダニエル電池

図 16-2 では、電子 e^- は亜鉛板から銅板に移動しています。電子の移動する向きと電流の流れる向きは逆なので、銅板が正極、亜鉛板が負極です。イオン化傾向が大きい金

属のほうが負極、もしくは酸化されるほうが負極と覚えておくと便利です。

乾電池の発明

ダニエル電池では、1つのZnが電子を放出してZn^{2+}になると、バランスをとるために$CuSO_4$水溶液側から$ZnSO_4$水溶液側に1つのSO_4^{2-}がセロハン膜を通って移動してきます。つまり、このダニエル電池をしばらく放電していると、$CuSO_4$水溶液はだんだん濃度が薄くなり、$ZnSO_4$水溶液はだんだん濃度が濃くなります。

この場合、充電すれば放電と逆の反応がおきて、水溶液の濃度は元に戻ります。ただし、何回か充電して時間がたつと、Zn^{2+}もごくわずかずつ$CuSO_4$水溶液側に移動しているので、2つの電解液は少しずつ混ざってしまいます。つまり、このダニエル電池は数回充電することができますが、何度も繰り返して使うのは難しい電池だといえます。

さらにダニエル電池は、得られる電圧が1.1Vと低いこと（乾電池の電圧は1.5Vですね）、電解液が液体のため、持ち運びが困難であるという欠点があります。そこでこの欠点を克服するため、電池の電解液をペースト状に固めて、正極に銅の代わりに粉末の二酸化マンガンMnO_2を使い、携帯できるように工夫した乾電池が発明されました。

みなさんも知ってのとおり、乾電池にはマンガン乾電池とアルカリ乾電池の2種類があります。どちらも正極に二酸化マンガンMnO_2、負極に亜鉛Znを使用しています。違いは、マンガン乾電池が電解液の代わりにペースト状に

加工した塩化亜鉛 $ZnCl_2$ を使用するのに対し、アルカリ乾電池は電解液として水酸化カリウム水溶液を使います。そのため、アルカリ乾電池は電解液が漏れてしまう「液漏れ」の恐れがあり、漏れてきた液は強いアルカリ性のため、使用していた機器をダメにしてしまうことも多く、大きな欠点でした。しかし、現在は液漏れがしにくいようになっており、この欠点は克服されました。

鉛蓄電池

現代でも使用されている鉛蓄電池の一番のポイントは、何回も充電可能で寿命が長いということです。このように充電が可能な電池を**二次電池**といい、マンガン乾電池のように充電ができない電池を**一次電池**といいます。

鉛蓄電池が発明されたのは今から150年以上も前ですが、現在でも車のバッテリーや非常用電源などに用いられています。鉛蓄電池は負極に鉛 Pb、正極に酸化鉛 PbO_2、電解液に質量パーセント濃度が約30％の硫酸を使っていて、起電力は約2.1 V です。

負極では、Pb は酸化されて Pb^{2+} になり、液中の SO_4^{2-} とすぐに結合して、硫酸鉛 $PbSO_4$ となって極板に付着します。この電池のポイントは、生成した $PbSO_4$ が硫酸中に溶け出さないというところです。

正極では、電子をもらって酸化鉛 PbO_2 が還元されます。このとき、負極と同じく硫酸鉛 $PbSO_4$ となって極板に付着します。鉛蓄電池全体では、このような反応がおきています。

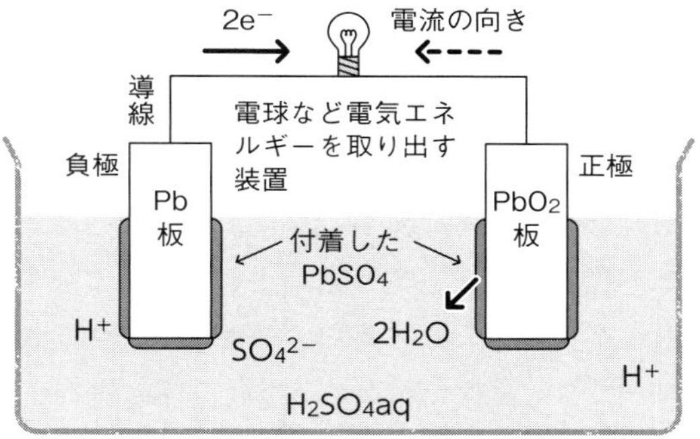

図16-3　鉛蓄電池

$$\begin{aligned}&\text{負極：}Pb+SO_4^{2-}\rightarrow PbSO_4+2e^-\\+)\ &\text{正極：}PbO_2+4H^++SO_4^{2-}+2e^-\rightarrow PbSO_4+2H_2O\\\hline&\text{全体：}Pb+PbO_2+2H_2SO_4\rightarrow 2PbSO_4+2H_2O\end{aligned}$$

起電力が低下した鉛蓄電池は、別の外部電源につなぐと、放電とは逆の反応がおきて、負極の $PbSO_4$ は還元されて Pb に、正極では PbO_2 になって、希硫酸の濃度も回復し、起電力が元に戻ります。

燃料電池の発電のメカニズム

水素が燃焼すると、次のような化学反応がおきて熱が発生します。

$$2H_2+O_2\rightarrow 2H_2O$$

この反応は、水素が酸化されて酸素が還元される酸化還元反応なので、それぞれの反応を離れた場所でおこせば電気エネルギーが取り出せます。この電池を**燃料電池**といいます。この燃料電池は、電解液にアルカリ性の液体を使用したアルカリ型と、電解液に酸性のリン酸を使用したリン酸型の2つのタイプに分けられます。

アルカリ型燃料電池（**図16-4**）は、電解液に濃い水酸化カリウム水溶液を用い、電極には正負どちらにも、気体をイオン化しやすくするための白金触媒をつけた多孔質黒鉛電極を使って、負極板で水素、正極板で酸素が反応します。

図では、電極にだいぶ厚みがあるように見えますが、実際はカーボン紙のような薄いペラペラの物質で、電解液は漏れないけれども気体は通過できる多孔質の構造になっています。

このとき、まず負極では水素H_2の一部がイオン化してH^+となり、電解液に溶け込み、このとき極板に電子を渡します。溶け込んだH^+は、即座に電解液中に多量に存在しているOH^-と反応して水が生成します。一方正極では酸素O_2の一部が電極から電子をもらい、さらに電解液中のH_2Oと反応して、電解液にOH^-を供給します。電池全体では、次の**図16-4**のような反応がおきています。

このアルカリ型燃料電池の起電力は約1.2Vで、アメリカの有人宇宙船（アポロ）の電源として用いられたことから、アポロ型とも呼ばれています。

しかし、アルカリ型では空気中の二酸化炭素によって電解液の中和反応がおきてしまい、性能が落ちることがあるという欠点がありました。そこで、電解液に酸性のリン酸水溶液を使うリン酸型燃料電池が開発されました。

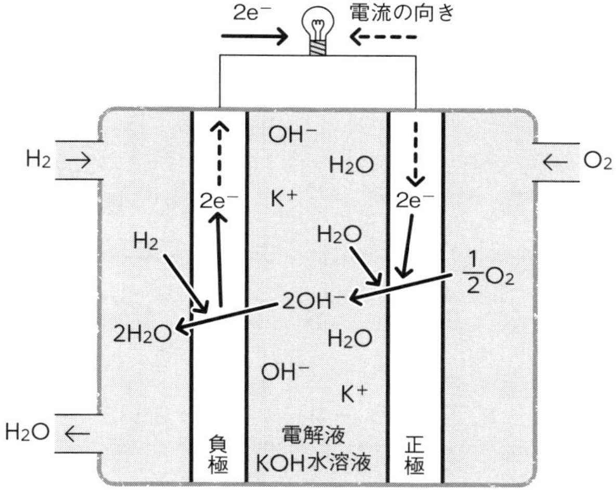

図16-4　アルカリ型燃料電池

$$
\begin{array}{rl}
 & \text{負極}：H_2 + 2OH^- \rightarrow 2H_2O + 2e^- \quad \times 2 \\
+) & \text{正極}：O_2 + 2H_2O + 4e^- \rightarrow 4OH^- \\
\hline
 & \text{全体}：2H_2 + O_2 \rightarrow 2H_2O
\end{array}
$$

リン酸型燃料電池は電解液に濃リン酸水溶液を用いた電池で、それ以外の部分はアルカリ型と同じです。反応はアルカリ型燃料電池とほとんど同じですが、イオンが電解液に吸収されてからが少し違います。負極では、水素H_2がイオン化したH^+が電解液に溶け込みますが、電解液は酸性なのでとくに反応はしません。正極では、酸素O_2が電極から電子をもらって電解液中のH^+と反応し、水が生成します。電池全体では次のような反応がおきています。

$$\begin{array}{rl} & 負極：H_2 \rightarrow 2H^+ + 2e^- \quad \times 2 \\ +) & 正極：O_2 + 4H^+ + 4e^- \rightarrow 2H_2O \\ \hline & 全体：2H_2 + O_2 \rightarrow 2H_2O \end{array}$$

いろいろなボタン電池

ボタン電池にはいろいろな種類があり、「CR2032」「LR44」など形式の表記もさまざまです。この違いの秘密を見ていきましょう。どのボタン電池にも「R」という記号が入っていますが、これは円形の電池ということを表しています。その前の1文字目のCやLなどの記号は電池の種類を表し、**表16-1**のようになっています。

つまり、頭にCRがつく電池は円形の二酸化マンガンリチウム電池であるということを示し、LRは円形のアルカリ電池であるということを示します。

また、CR2032というCRの後に続く数字は、直径20 mm、厚さ3.2 mmということを表します。LR44というときの数字が2つだけ続くものは、サイズを直接表すの

表16-1　1文字目の記号が示す電池の種類

記号	電池系	正極	負極	電圧(V)
B	フッ化黒鉛リチウム電池	フッ化黒鉛	リチウム	3.0
C	二酸化マンガンリチウム電池	二酸化マンガン	リチウム	3.0
G	酸化銅リチウム電池	酸化銅(Ⅱ)	リチウム	1.5
L	アルカリ電池	二酸化マンガン	亜鉛	1.5
P	空気亜鉛電池	酸素	亜鉛	1.4
S	酸化銀電池	酸化銀	亜鉛	1.55

ではなく、44では直径11.6 mm、厚さ5.4 mmということを表します。服のサイズ表記のようなものですね。

ボタン電池にはいくつもの種類がありますが、それぞれ使用される機器にあった仕組みになっているのです。

17 電気の力で反応をおこす
電気分解

電池は酸化還元反応を用いて、電気エネルギーを取り出す装置でした。電気分解は電池の逆の仕組みで、電気エネルギーを用いて酸化還元反応をおこす操作です。電気分解を使えば、自然には生じない化学反応をおこすことができ、自然界には存在しない単体も得ることができます。

ポイント

❶ナトリウムやカリウムなどのアルカリ金属、カルシウムなどのアルカリ土類金属は、自然界では単体で存在しませんが、電気分解によって単体を得ることができます。

❷イオン結晶を水に溶かした水溶液を電気分解したときに、陽極と陰極でどんな反応がおきるかは、陽イオンと陰イオンの種類で決まります。

❸ファラデーの電気分解の法則を用いると、電気分解で得られる物質の質量がわかります。

自然界ではおきない反応が可能に

電気分解とは、電気エネルギーを用いて化学反応を強制的におこすという操作なので、自然にはおこらない反応もおこすことができます。

たとえば、水素と酸素を混ぜて点火すると爆発的に反応して水ができますが、水は自然に水素と酸素に分解することはありません。これはたとえると、水が高いところから低いところに自然に流れるのに対して、低いところにある水が高いところに自然に移っていくことはないのと同じです。

しかし、水が低いところから高いところへ移るのは不可能なことなのかというと、そうではありませんね。人間がバケツか何かに水を入れて運べばいいのです。同じように、電気エネルギーを人工的に与えてやれば、水を水素と酸素に分解する反応をおこすことができます。

このように、「電気エネルギーを用いて化学反応を強制的におこす」という操作が**電気分解**です。電気分解の発明によって、水から水素と酸素を得る、自然界では陽イオンの状態でしか存在しない金属を還元して単体を得るなど、それまでは困難もしくは不可能であった反応が簡単におこせるようになりました。

溶融塩《ようゆうえん》電解

自然界では、ナトリウムはイオン化傾向が大きいため単体では存在しません。必ずナトリウムイオンの形で、陰イオンとイオン結合した状態で存在します。このナトリウムの単体をはじめて得ることができたのも、電気分解のおかげでした。その仕組みを紹介します。

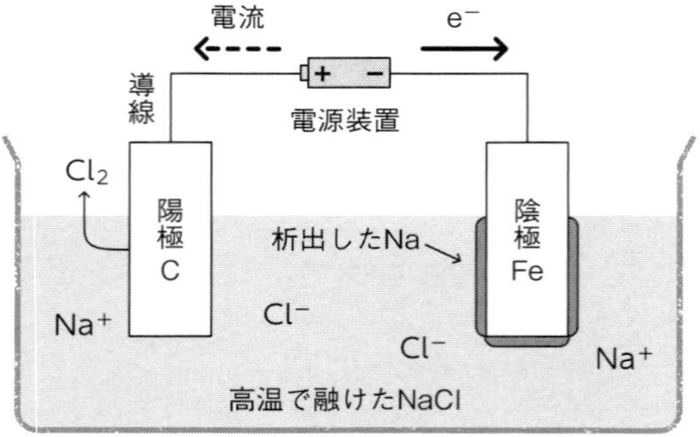

図17-1　溶融塩化ナトリウムの電気分解

まず、塩化ナトリウム NaCl を融かして液体にします。水溶液ではありません、NaCl の固体を 800 ℃以上の高温にして、融かして液体にしたものです。

「電気エネルギーを与える」とは、物質に無理やり電流を流すことなので、電極を入れて導線で電源装置につなぎます。電気分解では、電池のときのように電極を正極、負極というのではなく、電源装置の正極につないだ電極を陽極、負極につないだ電極を陰極といいます。

電池のときは、電極に何を使うのかというのは大きな問題でした。電極に使う物質によって、得られる電圧が決まったからです。しかし電気分解のときは、電源装置で強制的に電流を流すので、電極は電流を流しやすく、安定で分解されにくければ素材は問いません。ふつうは黒鉛 C の電極か、白金 Pt の電極を使います。

陽極に銅や銀の電極を使うとどうなるでしょう。銅や銀が電子を奪われて銅イオン、銀イオンになって電解液中に溶け出してしまいます。これを逆手にとって、電極が溶け出してしまうことを利用して電気分解を行うこともありますが、これについてはあとで説明します。

さて、この塩化ナトリウムの電気分解では、陽極に黒鉛、陰極には安価な鉄を使っています。陽極からは電子が塩化物イオン Cl^- から強制的に吸い出されて正極に運ばれ、陰極には負極から流れてきた電子がナトリウムイオン Na^+ に次々押し付けられるとイメージしてください。陽極では電子が吸い出されていくので酸化反応がおきています。陰極では電子が押し付けられるので、還元反応がおきています。

このときおきている反応をまとめると以下のようになります。

$$
\begin{array}{rl}
 & \text{陽極}：2Cl^- \rightarrow Cl_2 + 2e^- \\
+) & \text{陰極}：Na^+ + e^- \rightarrow Na \quad \times 2 \\
\hline
 & \text{全体}：2NaCl \rightarrow 2Na + Cl_2
\end{array}
$$

このように、イオン結晶を高温で融解して電気分解を行うことを**溶融塩電解**といいます。自然界に単体で存在しないアルカリ金属やアルカリ土類金属の単体は、溶融塩電解で得ることができます。

塩化ナトリウム水溶液の電気分解

塩化ナトリウムを水に溶かした水溶液を電気分解するケースでは、先ほどの溶融塩電解と同じようにはいきません。なぜならば、塩化ナトリウムは水溶液という形で水に溶けているので、水の影響を考えなければいけないからです。

ナトリウムイオン Na^+ は、イオン化傾向の大きい金属のため、陰極ではナトリウムの代わりに水が電気分解されて水素が発生します。電気分解の際、アルミニウムよりもイオン化傾向の大きな金属の陽イオンを含む場合は、このように陰極では水が分解されて水素が発生します。陽極でおきる反応は塩化ナトリウムの溶融塩電解と同じです。陰極でおきた反応と陽極でおきた反応をまとめると、次のようになります。

陰極：$2H_2O+2e^- \rightarrow 2OH^-+H_2$

＋）陽極：$2Cl^- \rightarrow Cl_2+2e^-$

全体：$2H_2O+2Cl^- \rightarrow 2OH^-+H_2+Cl_2$

Na^+ を足すと：$2NaCl+2H_2O \rightarrow 2NaOH+Cl_2+H_2$

電気分解を続けると、塩化物イオンは消費されて減っていきますが、ナトリウムイオンは減らないので、水酸化ナトリウムの水溶液に変わっていきます。水酸化ナトリウムは苛性《かせい》ソーダとも呼ばれ、さまざまな産業で利用されるたいへん重要な化合物ですが、この方法を使えば、地球上にたくさんある海水から水酸化ナトリウムを製造することができます。

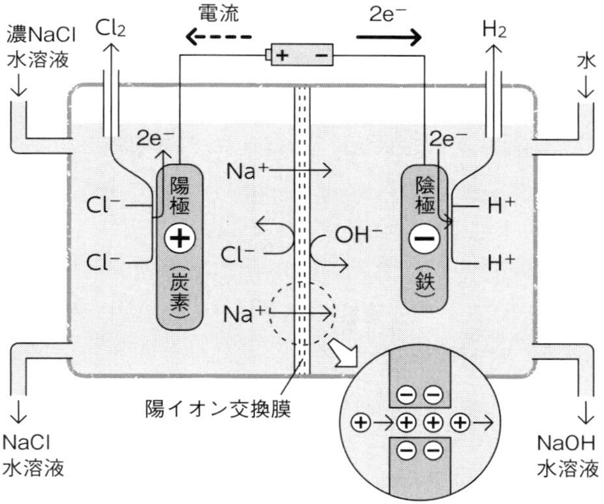

図17-2　イオン交換膜法による水酸化ナトリウムの製造

現在、工業的には、陽極と陰極の間を陽イオン交換膜で区切ったイオン交換膜法が利用されています。陽極側には濃い塩化ナトリウム水溶液を注入し、黒鉛電極で塩素を発生させます。陰極側には最初に薄い水酸化ナトリウム水溶液を入れておいて、その後は純水を注入します。すると、水素が発生して、同時にできた水酸化物イオンと陽極側から移動してきたナトリウムイオンにより、濃い水酸化ナトリウムが得られます。

このイオン交換膜法では、連続的に電気分解できること、陽イオン交換膜を使うことで、発生した塩素が水酸化物イオンと反応してしまうのを防いでいることが工夫点です。

硫酸銅水溶液の電気分解

イオン化傾向の小さい銅 Cu や銀 Ag は、イオンとして溶けている水溶液を電気分解すれば、単体を取り出すことができます。

硫酸銅水溶液中に存在するものは、銅イオン Cu^{2+}、硫酸イオン SO_4^{2-}、水 H_2O です。陰極では還元反応がおきるので、反応する可能性のあるものは Cu^{2+} か H_2O ですが、Cu^{2+} や Ag^+ のようにイオン化傾向の小さい金属が存在するときは、H_2O ではなく Cu^{2+} や Ag^+ が還元されます。陽極では酸化反応がおきますが、SO_4^{2-} や NO_3^- という安定な陰イオンは酸化されずに水が酸化されます。このときおきている反応をまとめると、次のようになります。

$$
\begin{array}{ll}
 & \text{陽極：} 2H_2O \rightarrow O_2 + 4H^+ + 4e^- \\
+) & \text{陰極：} Cu^{2+} + 2e^- \rightarrow Cu \quad \times 2 \\
\hline
 & \text{全体：} 2CuSO_4 + 2H_2O \rightarrow O_2 + 2H_2SO_4 + 2Cu
\end{array}
$$

この硫酸銅の電気分解を銅の純度を高めることに利用しているのが、銅の電解精錬です。銅鉱石から得られた粗銅は純度が 99％くらいですが、1％の不純物の影響で電気伝導性が低く、電気材料としては使用できません。そこで、**図 17-3** の仕組みで電気分解を利用して、電気材料に適する純度 99.99％以上の純銅を得るのです。

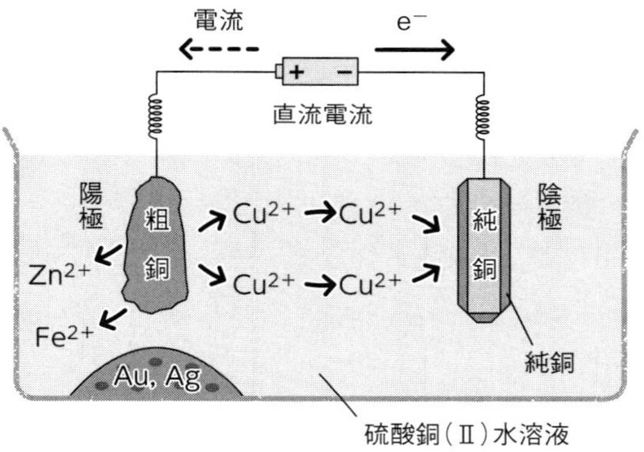

図17-3　銅の電解精錬

ポイントは、電極に黒鉛を使わずに、銅を使うというところです。厚い粗銅板を陽極、薄い純銅板を陰極として、硫酸を入れて酸性にした硫酸銅水溶液を電気分解します。すると、陽極では電極に黒鉛を使用した場合と異なり、粗銅板自身が酸化されて Cu^{2+} となって溶け出し、陰極では水溶液中の Cu^{2+} が還元されて Cu となって析出してきます。

陽極：$Cu \rightarrow Cu^{2+} + 2e^-$

＋）陰極：$Cu^{2+} + 2e^- \rightarrow Cu$

全体：Cu^{2+} ＋ Cu（粗銅板）→ Cu（純銅板）＋ Cu^{2+}

このときに、粗銅中に含まれる鉄や亜鉛などの銅よりもイオン化傾向が大きい金属は、銅が溶け出す際に一緒にイオンとなって溶け出しますが、陰極には析出しないので、水溶液中にイオンのまま残ります。また、金や銀などのイオン化傾向の小さい金属は、単体のまま陽極の下に陽極泥としてたまります。

こうして粗銅に含まれる不純物は取り除かれ、純粋な銅が陰極の純銅板のまわりに析出してきます。このように電気分解を利用して金属の純度をより高くすることを**電解精錬**といいます。

ファラデーの法則による電気分解の量的関係

電気分解でも、化学反応式の量的関係のように、どれくらいの電流で何秒電気分解をすると、生成物が何g得られるかということがわかれば便利です。そこで、電気分解の量的関係（**ファラデーの法則**）について考えてみましょう。

電流の大きさの単位にはA(アンペア）が使われる一方、電気分解で反応した物質の量の単位にはmolが使われます。つまり、Aとmolの関係がわかれば、電気分解の量的関係がわかるのです。

図17-1では、

$$Na^{+}+e^{-} \rightarrow Na$$

という反応が陰極でおきています。Na 1 mol（質量23 g、Naの原子量＝23）を得るためには、電子も1 mol必要です。電子1 molのもつ電気量を**ファラデー定数**といいます。「電気量」とはわかりにくい言葉ですが、どれくらい強く帯電しているかを数値で表したものです。たとえば冬にプラスチック製の下敷きを頭にこすりつけると、髪の毛が静電気で立ちます。このとき、髪の毛から下敷きに電子が移ったため、下敷きはマイナスに帯電していて、その強さをC（クーロン）の単位で電気量として数値で表せます。

電子1個は 1.60×10^{-19} C の電気量をもっていて、1 mol は 6.02×10^{23} 個の集団なので、電子1 mol あたりがもつ電気量は計算すると 9.65×10^{4} C となり、これをファラデー定数と呼んでいます。1.0 A の電流が1.0秒流れたときに運ばれた電気量が1.0 C なので、1.0 A の電流を 9.65×10^{4} 秒（26.8時間）流せば、ファラデー定数の電気量、つまり電子1 mol が回路に流れたことになり、陰極に Na が 23 g 析出します。

注意しなければいけないのは、還元される物質が銅イオン Cu^{2+} ならナトリウムイオン Na^{+} に比べて電子は2倍必要なので、電気分解に必要な時間も2倍になるということです。同様に、酸化される物質が水ならば、半反応式は次のようになります。

$$2H_2O \rightarrow O_2 + 4H^{+} + 4e^{-}$$

したがって、酸素1.0 mol を得るためには電子が4.0 mol 必要なので、Na^{+} に比べて電気分解に必要な時間は4倍になります。

アルミニウムはリサイクルの優等生

電気分解で生産されている金属の中で、もっとも大規模に生産されているのはアルミニウムです。しかし、アルミニウムの生産には大量の電気を消費します。その理由は、アルミニウムイオンがAl^{3+}と3価であり、かつ原子量が27と小さいので、同じだけの電力を使用しても得られる単体が少ないからです。たとえば、Cu^{2+}を還元して1.0 gのCuを得るのと、Al^{3+}を還元して1.0 gのAlを得るのに必要な電気量を比べてみると、

銅Cu：

$$1.0\,(\mathrm{g}) \div 64\,(\mathrm{g/mol}) \times 9.65 \times 10^4\,(\mathrm{C/mol}) \times 2 = 3.0 \times 10^3\,(\mathrm{C})$$

アルミニウムAl：

$$1.0\,(\mathrm{g}) \div 27\,(\mathrm{g/mol}) \times 9.65 \times 10^4\,(\mathrm{C/mol}) \times 3 = 11 \times 10^3\,(\mathrm{C})$$

となるのでアルミニウムは銅の3倍以上の電気量が必要だということがわかります。

さらにアルミニウムは水溶液中で電気分解ができないので、原料のアルミナ（Al_2O_3）を高温で融解し、溶融塩電解を行えるようにするのにさらに電気を使います。このことから、アルミニウムは「電気の缶詰」と呼ばれることもあります。

しかし、使用済みのアルミニウムを回収して元の地金に戻すために必要な電気量は、原料のアルミナから作る場合の電気量の約3％と少ないので、アルミニウムのリサイクルは鉄や亜鉛に比べて消費エネルギーを大きく節約できます。そのため、アルミニウムはリサイクルの優等生だといわれています。

Part 3

無機化学

身近な元素も化学の目で見ると一味違う

化学は、紀元前から始まった錬金術の研究からスタートしています。錬金術とは、鉛や鉄などの卑金属から金や銀などの貴金属を作ろうとする試みです。この錬金術を研究する過程で、さまざまな元素、黒色火薬、金属を溶かす薬品である塩酸、硫酸、硝酸などの酸が発見されました。これらはすべて無機物です。つまり、18世紀以降に有機化学という概念が出てくるまでは、化学といえば無機化学のことで、未知の元素を発見してその性質をもとに周期表を作り上げることが化学の大きな目的だったのです。

18 ハロゲン、希ガスって何だっけ？
非金属元素

　無機化学では元素ひとつひとつについて、その性質や化合物の種類を調べていくことが中心になります。周期表にある元素について、原子番号 1 番から順番に調べていくのは大変なので、①光沢がある、②電気・熱を通す、③薄く延ばしたり、叩いて広げたりすることができる、という 3 つの性質を持つ金属元素と、そうでない非金属元素の 2 つにグループ分けをします。この項では、2 つのグループのうち非金属元素について見ていきます。非金属元素には、金属ではない元素がすべて含まれています。金属元素が水銀 Hg 以外は金属結晶の固体であることに比べると、気体、液体、固体とバラエティに富んでいます。

ポイント

❶非金属元素の中で、性質が似ている元素をグループにすると、18 族（He、Ne、Ar、Kr）と 17 族（F、Cl、Br、I）がそれぞれグループになります。

❷ 14 ～ 16 族には、炭素 C、窒素 N、酸素 O、硫黄 S があって、その化合物にも身近なものが多いです。

❸酸素 O は非金属元素とも結びついて化合物を作るため、化合物の種類がたくさんあります。

13族から18族まで非金属元素は、階段状に存在しています。なかでも、18族の元素（He、Ne、Arなど）と17族の元素（F、Cl、Br、I）は、性質が似ている元素がそれぞれ集まっているので、18族は希ガス、17族はハロゲンという特別なグループ名がついています。18族の希ガスは化合物を作らずに単体で存在するという他の元素にはない変わった特徴があるので、周期表の右側の18族から順番に紹介していきます。

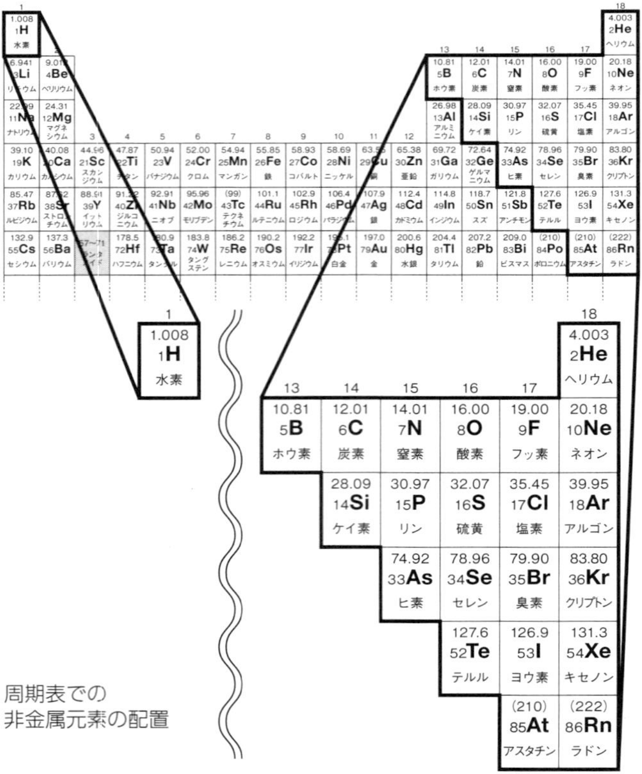

周期表での
非金属元素の配置

18族元素（希ガス）

18族の元素（ヘリウムHe、ネオンNe、アルゴンArなど）は**希ガス**と呼ばれ、第1項で触れたように、電子配置が閉殻となって安定しているため、自然界では原子単体の状態で単原子分子として存在しています。とくに**ヘリウム**Heの沸点はすべての元素の中で最も低く、−269℃（絶対温度で4K）です。液体窒素の沸点が−196℃であることからも、その際立った低さがわかります。

こんなに沸点の低い液体を何に使うのかというと、**超電導**という現象をおこすのに使われています。超電導現象はある温度以下で、特定の物質の電気抵抗がゼロになる現象で、この現象をおこすには低い温度が必要です。この低い温度を得るために液体ヘリウムが欠かせないのです。

しかしヘリウムは特別な元素で、何かと何かを反応させて人工的に発生させることができません。すべて天然の産出物です。現在は主に、北米で産出する天然ガスから分離することで製造されています。そのため、液体ヘリウムに比べて値段の安い液体窒素の温度以上で超電導が実現できれば、実用範囲が一気に広がります。これを**高温超電導**といい、いくつか高温超電導を示す物質は見つかっていて、現在は実用化に向けて盛んに研究が行われています。

ヘリウムは低温に関する研究に使われる一方、風船に入れるガスや、吸い込むと声が変わるガスとして販売されています。ヘリウムは空気よりも密度が小さいので、音の伝わる速度が速くなり、声帯が速く振動して声が高くなります（空気よりも密度が大きいアルゴンを吸い込むと、逆に音の伝わる速度は遅くなり、声は低くなります)。

ところで、こうしたガスを吸い込んでも健康に影響はないのか、と思われるかもしれません。希ガスは安定しているため、逆に化学的に他の物質との反応性がほとんどなく、そのため吸い込んでも体に害を与えないのですね。

周期表でヘリウムの下にある**ネオン Ne** は、減圧状態で放電管に封入し、低圧放電すると美しい赤い光を発するので、20 世紀を通じて長い間ネオンサインとして広告灯に利用されていました。ただし、現在ではネオン管のほとんどが LED に置き換えられています。

ネオンの下にある**アルゴン Ar** は、空気中に窒素（78.084%)、酸素（20.946%）に続いて 3 番目の割合（0.934%）で存在しています（二酸化炭素は 4 番目で 0.035%です)。

なぜアルゴンがこんなにたくさんあるのかというと、地殻中のカリウムの一部が変化してアルゴンになるからです。カリウムは地殻中にたくさん存在するので、カリウムからできるアルゴンも空気中にたくさん含まれているのです。これは放射性同位体が壊れてアルゴンに変わる $^{40}K \rightarrow {}^{40}Ar$ という反応で、半減期が 12.5 億年です。

第 1 項の「元素を調べれば年代がわかる」で説明したのと同じ原理で、12.5 億年という半減期を利用して岩石の年代測定に使われています。アルゴンはマグマが岩石となって固まる前に抜け出してしまうので一切含まれていませんが、冷えて固まってから時間が経つとカリウムがアルゴンに変わっていき、岩石内にアルゴンの気体がたまっていきます。この量を測定すると、岩石が何年前に冷えて固まったのかを調べることができます。

ハロゲン（17族）

フッ素、塩素、臭素、ヨウ素の17族の元素は、1族の金属元素あるいは2族の金属元素と典型的な塩《えん》を形成するので、ギリシャ語で「塩を作るもの」という意味の**ハロゲン**（halogen）と命名されました。

ハロゲンの単体は、フッ素F_2、塩素Cl_2、臭素Br_2、ヨウ素I_2が主なもので、フッ素と塩素は室温で気体で存在し、臭素は液体、ヨウ素は固体です。ハロゲンの性質をまとめると**表18-1**のようになります。

表18-1　ハロゲンの性質

単体	融点（℃）	沸点（℃）	状態	色	反応性
フッ素 F_2	−220	−188	気体	淡黄色	大
塩素 Cl_2	−101	−34	気体	黄緑色	↓
臭素 Br_2	−7	59	液体	赤褐色	↓
ヨウ素 I_2	114	184	固体	黒紫色	小

フッ素Fはまわりから電子を奪う力、つまり酸化力がたいへん強いため、単体を得るのは困難です。多くの化学者がこれに挑戦し、けがをしたり、死んでしまう人もいたほどですが、1886年にフランスのモアッサンが単体の単離に成功し、ノーベル賞を受賞しています。

そこまで危険な元素なのに、歯医者では虫歯予防などにフッ素入り歯磨き粉が有効だといわれています。これはもちろん単体のフッ素が歯磨き粉に入っているわけではなく、フッ化ナトリウムやフッ化カルシウムなどのイオン結晶としてフッ化物イオンが含まれているのです。フッ化物イオンには、虫歯菌の活動を邪魔したり、歯の再石灰化を進めたりするはたらきがあります。

フッ素のみならず**塩素** Cl も人体に対する毒性は高く、注意が必要です。塩素は水に少し溶ける気体なので、とくに体の粘膜が気体に触れる部分、目や呼吸器の粘膜部分に溶け込んで、重篤な場合は呼吸不全で死に至らしめることもあります。市販の洗剤に「まぜるな危険」と表示してあるのは、塩素が次亜塩素酸ナトリウムの形で含まれている漂白剤と、塩酸を含むトイレ用洗剤を混ぜると、塩素ガスが発生するからです。反応式で表すと次のようになります。

$$NaClO + 2HCl \rightarrow NaCl + H_2O + Cl_2$$

塩素は毒性が高く、液化しやすく（持ち運びしやすい)、また空気よりも重い（地面をはって進むので、塹壕《ざんごう》の敵を追い出しやすい）という性質から、塹壕戦で膠着《こうちゃく》していた第一次世界大戦で、化学兵器として世界で初めて使われました。塹壕に隠れている敵は、塩素ガスを浴びると目がやられ、呼吸が苦しくなるので、塹壕から出ざるをえなくなるのです。

しかし、塩素ガスによる攻撃への対抗策としてガスマスクが広く普及するようになると、皮膚に触れただけで体内まで浸透し、皮膚をただれさせる効果があるマスタードガスが使われるようになりました。このガスは、$Cl-CH_2CH_2-S-CH_2CH_2-Cl$ の構造を持ち、マスタードのにおいがすることからこの名前で呼ばれています。

じつはヒトラーも第一次世界大戦末期にこのマスタードガスによる攻撃を受けて、一時視力を失って苦しんでいます。第二次世界大戦で、ドイツが大量の毒ガスを備蓄しながらも実際に戦闘で使用しなかったのは、ヒトラーが毒ガス兵器に苦しんだ経験があったためだという説があるくらいです。

実際は、第一次世界大戦後にジュネーブ議定書により毒ガス兵器の使用が禁止されたこと、毒ガス兵器使用後の報復攻撃を恐れたことなども理由としてあるようです。真相はヒトラーしかわかりませんね。

ハロゲンの単体は気体（フッ素、塩素）、液体（臭素）、固体（ヨウ素）とバリエーションに富んでいますが、その水素化物はすべて気体で、フッ化水素 HF、塩化水素 HCl、臭化水素 HBr、ヨウ化水素 HI があります。フッ化水素は水に溶かしてフッ化水素酸となり、ガラスを溶かす性質があるため、ガラスに目盛りを刻んだり、曇りガラスの製造に利用されたりしています。

酸素

酸素 O を発生させるには、過酸化水素 H_2O_2 に、触媒として二酸化マンガン MnO_2 を加えるのが一般的です。

$$2H_2O_2 \rightarrow 2H_2O + O_2$$

薬局で販売しているオキシドールには、この過酸化水素が質量パーセント濃度で約3.0%含まれています。傷口にかけると血液中の鉄イオンFe^{2+}が触媒のはたらきをし、過酸化水素を分解して酸素の泡が発生します。このとき、過酸化水素は活性酸素を経て酸素に分解されるため、この活性酸素のはたらきで殺菌ができるのです。

酸素を得る他の方法としては、固体の塩素酸カリウム$KClO_3$に、触媒として二酸化マンガンMnO_2を加えて加熱するという方法もあります。

$$2KClO_3 \rightarrow 2KCl + 3O_2$$

この塩素酸カリウムによる酸素の発生法は、花火にも応用されています。花火が激しく燃えるのは、花火に含まれた塩素酸カリウム自身が酸素を発生させているからです。塩素酸カリウムを混ぜることで花火の燃焼温度が上がり、赤や緑の色がはっきり出るのです。

硫黄

硫黄Sの単体は黄色い粉末で、黒色火薬の原料として欠かせない物質です。中国大陸には火山がほとんどないので、火山国の日本は硫黄を中国に輸出してきました。朝鮮戦争のときに硫黄の値段が高騰し、黄色いダイヤといわれ、国内の硫黄鉱山は大いに賑わいました。しかし現在では、石油を精製する過程で不純物として含まれる硫黄を取り出す技術が完成したので、国内の硫黄鉱山は採算が合わなくなってすべて閉山してしまいました。

硫黄の単体には**斜方硫黄**（黄色い八面体の結晶、2つのピラミッドの底面を合わせた形）、**単斜硫黄**（黄色い針状の結晶）、**ゴム状硫黄**（その名の通り黒いゴム状の固体）の3種類の同素体が存在します。室温では斜方硫黄が安定ですが、加熱して温度を上げると斜方硫黄→単斜硫黄→黒い液体状の硫黄と変化していき、黒い液体の状態から急冷するとゴム状硫黄になります。単斜硫黄もゴム状硫黄も、室温に放置しておくと斜方硫黄に変化します。

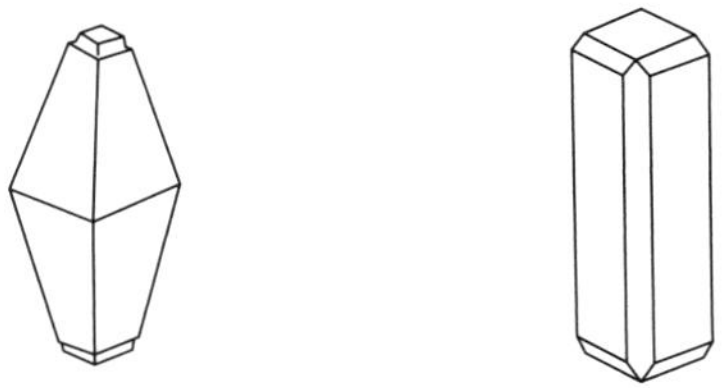

図18-1　斜方硫黄と単斜硫黄

硫黄を含む化合物として身近なものは硫酸 H_2SO_4、気体には二酸化硫黄 SO_2 と硫化水素 H_2S があります。硫黄を燃焼させると SO_2、さらに酸化すると SO_3 ができます。SO_2 は気体で SO_3 は固体です。

SO_2 と SO_3 をあわせて **SOx**（ソックス）と呼び、大気汚染、酸性雨の原因物質とされています。石油や石炭に含まれている硫黄は、燃焼の際に SO_2 として大気中に放出され、酸素によって酸化されて SO_3 になります。SO_3 は固体なのでエアロゾルの形で大気中を漂い、これが雨に溶け込んで硫酸になり（$SO_3+H_2O \rightarrow H_2SO_4$）、酸性雨となるのです。

現在の日本では大気汚染と酸性雨を防ぐために、必ず脱硫装置をつけ、石油を精製するときに硫黄分を取り除いています。このように嫌われ者の SO_2 ですが、抗菌作用、漂白作用があるため、食品添加物としてドライフルーツ、干し柿などに使われています。

硫黄の水素化物である硫化水素 H_2S は腐卵臭のする気体で、火山地帯で漂う臭いは H_2S が原因です（よく「硫黄の臭い」といいますが、単体の硫黄は無臭です）。この H_2S は、金属の硫化物に酸性の液体を加えることによって発生します。たとえば硫化鉄に塩酸を加えると、次のように塩化鉄とともに生成されます。

$$FeS+2HCl \rightarrow FeCl_2+H_2S$$

火山地帯で硫黄が採れるのは、火山から発生する二酸化硫黄と硫化水素が反応する酸化還元反応の結果硫黄ができるからです。

$$SO_2+2H_2S \rightarrow 3S+2H_2O$$

窒素

窒素 N を含む無機化合物として身近なものは硝酸 HNO_3、気体は一酸化窒素 NO と二酸化窒素 NO_2、アンモニア NH_3 です。一酸化窒素や二酸化窒素はあわせて **NOx**（ノックス）と呼び、SOx とともに大気汚染、酸性雨の原因物質とされています。

NOx には、NO、NO_2、N_2O、N_2O_3、N_2O_4、N_2O_5 など多くの窒素酸化物が含まれます。これらの窒素酸化物は酸化されて最終的には NO_2 になり、これが雨に溶け込んで硝酸 HNO_3 になり、酸性雨となるのです。

$$3NO_2 + H_2O \rightarrow 2HNO_3 + NO$$

SOx は、原因物質の硫黄を燃焼前に取り除けば発生がほとんどゼロにできますが、NOx は空気を高温にすると、空気中の窒素と酸素が化合して発生してしまいます。では高温にしなければいいと思うかもしれませんが、自動車のエンジンでは燃焼時に酸素を取り込んだとき、窒素も同時に入ってきてしまい、NOx が発生してしまうのです。

このように SOx に比べて NOx の発生を防ぐのは難しいため、できてしまった NOx を取り除く装置を使います。具体的には、触媒を使って NOx を窒素に戻してから大気中に放出します。

SOx 同様、嫌われ者の NOx ですが、硝酸は工業的に重要です。火薬としてはニトログリセリンやトリニトロトルエン（TNT）が有名ですが、これらのニトロ化合物の製造には硝酸が必要ですし、肥料としては硝酸アンモニウム（硝安）、硝酸カリウムなどがありますが、これらは硝酸を中和して製造しています。

そもそもなぜ肥料に硝酸を含むものが用いられるのかというと、植物が行う光合成では、タンパク質の合成に必要な窒素成分を取り込むことができないからです。そのため、土壌中に窒素成分が不足する場合は肥料として補う必要があるのです。

ほとんどの植物は空気中の窒素N_2を取り入れることはできませんが、例外的にマメ科の植物は、根に共生している根粒菌のはたらきで空気中の窒素を直接取り入れることができるため、窒素成分の少ない土地でもよく育ちます。

リン

リンPは、自然界では単体で存在しませんが、その存在しないはずの単体がじつは身近にあります。マッチ箱の横についている赤茶色のざらざらの部分、これはマッチに火をつけるときにこすりつける部分ですが、これがリンの単体で、**赤リン**といいます。

リンには赤リン以外にも**黄リン**という同素体があり、黄リンは自然発火するたいへん毒性の高い物質なので、水の中で保存します。

単体のリンを燃焼させると、酸化リンP_4O_{10}になります。酸化リンに水を加えて加熱するとリン酸が生成します。

$$P_4O_{10} + 6H_2O \rightarrow 4H_3PO_4$$

リンの化合物は身近に見る機会はありませんが、私たちの体の中にはリンがたくさん含まれています。DNAにはリン酸がつながった形で含まれていますし、細胞を包む膜はリン脂質でできています。骨の主成分はリン酸カルシウムです。植物はリンが不足すると生育不良となるので、肥料の過リン酸石灰（第一リン酸カルシウム $Ca(H_2PO_4)_2$ と硫酸カルシウム $CaSO_4$ の混合物）を与えることがあります。

炭素

炭素 C の単体は**黒鉛**と**ダイヤモンド**があり、これらは同素体の関係です。炭素原子は高温、高圧下でのみダイヤモンドになり、ふつうは黒鉛の状態で存在します。

ダイヤモンドは、マントルから地殻を突き抜けて吹き出してきた火成岩であるキンバーライトに含まれます。地下深くに存在するマントル内は高温・高圧で、そこに含まれる炭素はダイヤモンドの状態です。それが地表近くまで一気に移動して、黒鉛に変わる間もなかったときにのみ、私たちはダイヤモンドを手にすることができると考えられています。

炭素を含む無機化合物として、最も代表的なのが二酸化炭素 CO_2 です。二酸化炭素はご存知の通り、地球温暖化の原因物質として有名です。地球は太陽から受けとった熱を、同じ量だけ宇宙空間に放出しています。二酸化炭素が温室効果ガスといわれるのは、地球が受け取った熱を宇宙空間に放出するのをブロックする効果があるからです。

たとえば春の暖かい日に、芝生で寝転んでいると太陽の光を受けてポカポカしてきますが、夕方になって太陽が沈んでしまうと、熱が逃げてしまうので寒くなります。しかし、毛布をかぶるとしばらくは暖かいままです。この毛布の役割をするのが温室効果ガスです。温室効果ガスが増えると、地球が毛布をかぶっている状態になるので、地球から熱が逃げにくくなってしまい、平均気温が上昇すると危惧されているのです。

二酸化炭素は1つの炭素原子に酸素原子が2つくっついていますが、この酸素原子が1つのものが一酸化炭素です。一酸化炭素はたいへん有害な気体で、体中に酸素を運ぶヘモグロビンに酸素よりも強く結合するので、わずかな濃度でも血液中の酸素濃度を低下させ、命にかかわります。これが一酸化炭素中毒です。

一酸化炭素は空気中の酸素とすぐ結合して二酸化炭素になってしまうので、十分換気され、酸素が豊富に供給されているところでは、一酸化炭素中毒の心配はありません。ストーブに「1時間ごとに換気をしてください」と書いてあるのは、一酸化炭素中毒を防ぐためなのです。

ケイ素

ケイ素Siというより、**シリコン**といったほうが聞いたことのある人が多いと思います。シリコンは半導体の材料として欠かせない物質です。

ケイ素は、地球上で酸素に次いで2番目に多く存在する元素ですが、自然界には化合物の形（おもに岩石の成分である二酸化ケイ素として）でしか存在しません。そのため半導体を製造する際には、ケイ素を単体の形にする必要があります。純度の高いものほど高性能な半導体が製造できるため、現在は99.999999999999％まで純度が高められた単体が製造されています。

　ではなぜ、半導体にはケイ素でなくてはいけないのでしょうか。ケイ素は金属のような導体と、ガラスのような絶縁体の中間の性質を持ち、周囲の環境によって電流を流したり、流さなかったりします。デジタルの世界は2進法なので、0か1の信号ですべてを表します。半導体は電流を流したり、流さなかったりすることで、この0と1の信号を表しているのです。

19 アルミ箔はすでに錆びている!?
典型金属元素

「金属」と聞いてみなさんがイメージするのは、鉄や銅、あるいは金や銀などだと思います。しかし周期表を見ると、じつはほとんどの元素が金属です。鉄や銅、金や銀は遷移金属元素というグループに含まれる金属、アルミニウムやマグネシウム、ナトリウムなども典型金属元素というグループに含まれる金属です。遷移金属である鉄や銅、金や銀が私たちに身近なのは、単体の状態で身近にたくさん存在するからですが、典型金属元素も身近にある重要な金属です。

ポイント

❶ 1 族元素と 2 族元素には、水と反応するものがある、炎に入れると特有の色がつく炎色反応を示すものがある、という共通点があります。

❷アルミニウム Al、亜鉛 Zn、スズ Sn、鉛 Pb は酸にも塩基にも溶けることができる特殊な性質をもちます。

❸ 12〜14 族に含まれる典型金属元素には、私たちの生活に密接に関係しているアルミニウム Al、水銀 Hg、スズ Sn があります。

金属元素を大きく分けると、周期表の3～11族に属する**遷移金属元素**と、それ以外の**典型金属元素**に分けられます。

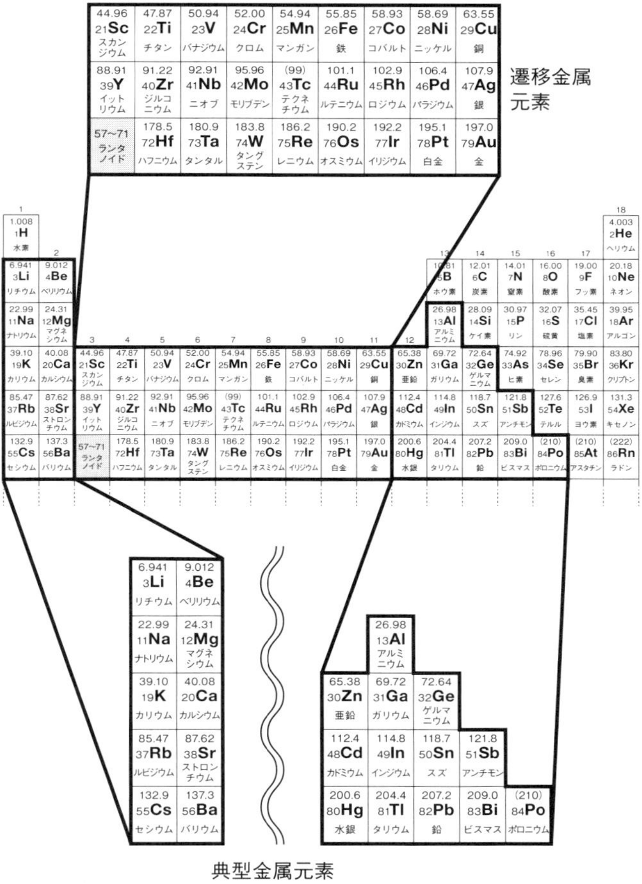

金属を2つのグループに分ける理由

金属元素をなぜ遷移金属元素と典型金属元素の2種類に分けるのかというと、遷移金属元素が特殊な電子配置を持つからです。スカンジウムSc以降の遷移金属元素では、最外殻電子殻のN殻の電子数は2個のまま、ひとつ内側のM殻に電子は満たされていくという特徴をもちます。

たとえば原子番号21番のスカンジウムでは、電子を順番に電子殻に入れていくと、まずK殻に2個、次にL殻に8個、そしてM殻に8個入ってから、まだあと10個M殻に入るにもかかわらず、M殻は8個で閉殻という安定な状態になるために、ひとつ外側のN殻に2個入ります。その後で、再びM殻に電子が入り、M殻には電子が合計9個入ります。

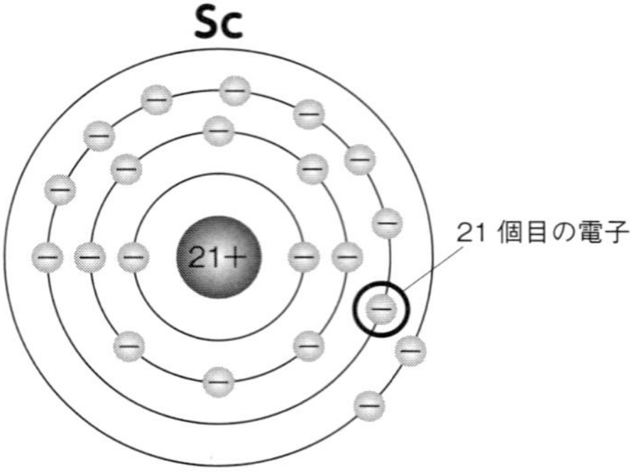

図19-1　スカンジウムの電子配置

そして、22番チタンTi、23番バナジウムV……と電子はM殻に入っていき、30番の亜鉛ZnでM殻はいっぱいになるので、31番のガリウムGaから再びN殻に3個目以降の電子が入っていきます。

このように、遷移金属元素は最外殻の電子配置は2個のまま、内側のM殻に電子が入っていくという電子配置をとるので、複数種類の陽イオンになれます。たとえば銅Cuは、Cu^{+}、Cu^{2+}という陽イオンになれますし、鉄FeもFe^{2+}、Fe^{3+}という陽イオンになれます。これに対して、ほとんどの典型金属元素は1種類の陽イオンにしかなれません。

このように、金属元素は電子配置によって2種類に分けられるので、この項では典型金属元素を、次項では遷移金属元素を紹介します。

アルカリ金属(1族)

アルカリ金属のアルカリはアラビア語の「灰」という意味のkaliに由来します。植物灰を水に入れると水は塩基性（アルカリ性）になりますが、これは灰の主成分が炭酸カリウムと炭酸ナトリウムだからです。灰を入れた水溶液の性質をアルカリ性にする金属ということで、周期表の1族のうち、水素を除くナトリウムやカリウムはアルカリ金属と呼ばれます。

ナトリウムNaは98℃、**カリウム**Kは63℃といずれも融点が低く、リチウムLiとともに、チーズのようにナイフで切れるやわらかい金属です。また、どの金属もイオン化傾向が大きく、1価の陽イオンになりやすいため、常温で空気中の酸素や水蒸気と反応して、酸化物や水酸化物になります。たとえばナトリウムは次のように反応します。

酸素と反応　$4Na + O_2 \rightarrow 2Na_2O$
水蒸気と反応　$2Na + 2H_2O \rightarrow 2NaOH + H_2$

このとき、できた酸化ナトリウムNa_2Oや水酸化ナトリウムNaOHはイオン結合しているので、ナトリウムは反応によりナトリウムイオンになったといえます。

ナトリウムといえば、1995年、福井県敦賀市にある高速増殖炉「もんじゅ」で、冷却材に使用されていたナトリウムが600 kg以上漏れ出し、火災が発生するという事故がありました。事故のニュースを見て、高温の金属のナトリウムが水のように流れながら原子炉を冷やしていることを知って驚いた人もいたと思います。高速増殖炉では、水は中性子の速度を減速させてしまうので、その効果が少ないナトリウムが冷却材に使われていたのです。

他にも冷却材としてナトリウムが使用されている理由は、地球上に豊富に存在するという点、融点が低く液体になりやすいので流動性が高いという点、金属の高い熱伝導性を有しながら密度が小さいという点などのさまざまなメリットがあります。

融点だけを考えると、ナトリウムNaは98℃、カリウムKは63℃なので、「もんじゅ」の冷却材としてはカリウムが有利ですが、カリウムはナトリウムよりも反応性が高いため、ナトリウムが使用されているのです。

リチウムLiはナトリウムやカリウムと比べると融点は181℃とやや高く、常温では冷蔵庫で冷やしたバターくらいの硬さをもつ金属です。携帯電話にはリチウムイオン電池が使われていて、ナトリウムイオン電池やカリウムイオン電池は使われていません。リチウムを電池の材料に使うと、ナトリウムやカリウムを利用するよりも大きな電圧が得られるからです。

この理由は、イオン化傾向にあります。第15項で紹介した金属のイオン化傾向にはリチウムはありませんでしたが、じつはリチウムはカリウムよりもイオン化傾向が大きいのです。ただ、リチウムは採掘できる場所が南米に偏っているため、より安価なナトリウムで代替できないか研究が進められています。

アルカリ土類金属とマグネシウム（2族）

周期表の3族の元素を**希土類元素**といいます。「希土類」は英語では**レアアース**といい、中国が日本への輸出を規制したというニュースで一般にも名前が知られるようになりました。2族の元素を**アルカリ土類金属元素**というのは、1族のアルカリ金属元素と3族の希土類元素に挟まれているからです。

2族の元素は上からベリリウムBe、マグネシウムMg、カルシウムCa、ストロンチウムSr、バリウムBaですが、これらはベリリウムBeとマグネシウムMgのグループとカルシウムCa、ストロンチウムSr、バリウムBaのグループに分けられ、後者のグループをアルカリ土類金属といいます。なぜベリリウムとマグネシウムをアルカリ土類金属に入れないかというと、**表19-1**のように2つのグループに違いがあるからです。

表19-1　2族元素の性質の違い

	Be Mg	Ca Sr Ba
炎色反応	示さない	示す
水との反応性	反応しない	反応する
水酸化物の性質	水に溶けにくい	水に溶ける
硫酸塩の性質	水に溶ける	水に溶けにくい

表中の**炎色反応**とは、金属イオンを含む溶液を炎の中に入れたときに、特有の色を示す現象です。カルシウムは橙色、ストロンチウムは赤色、バリウムは黄緑色ですが、ベリリウムとマグネシウムは炎色反応を示しません。アルカリ金属にも炎色反応を示す元素があって、リチウムは赤色、ナトリウムは黄色、カリウムは紫色を示します。花火のカラフルな色はこの炎色反応を利用しています。

2族元素の中でもっとも身近なものは、**カルシウム** Ca です。カルシウムの化合物で身の回りにたくさん存在するのは、石灰岩の主成分である炭酸カルシウム $CaCO_3$ です。石灰岩以外にも、消石灰といわれる水酸化カルシウム $Ca(OH)_2$、生石灰といわれる酸化カルシウム CaO、石膏《せっこう》といわれる硫酸カルシウムの二水和物 $CaSO_4 \cdot 2H_2O$（二水和物とは、硫酸カルシウム 1 つにつき、H_2O が 2 つくっついていることを意味します）など、カルシウムを含む化合物は身近にたくさんあります。

金剛石（ダイヤモンド）、水晶（二酸化ケイ素）など日本独自の呼び名がある化合物はたくさんありますが、カルシウムを含む化合物ほど日本名が一般的に使われているものはありません。それだけカルシウム化合物が昔から使われていたということですね。

まず、炭酸カルシウムは石灰岩、大理石（石灰岩が熱の作用により変成してできた変成岩）の主成分です。卵の殻や貝殻も、主成分は炭酸カルシウムです。石灰岩や大理石は過去に生きていた生物の遺骸が化石化したものといえます（サンゴの体や、プランクトンの一部は炭酸カルシウムでできています）。

この炭酸カルシウムを900℃以上に加熱すると、熱分解がおこり、酸化カルシウム CaO になります。

$$CaCO_3 \rightarrow CaO + CO_2$$

酸化カルシウムは生石灰ともいい、水を加えると多量の熱を発生しながら反応して、水酸化カルシウム $Ca(OH)_2$ になります。

$$CaO + H_2O \rightarrow Ca(OH)_2$$

駅弁の中には、ひもを引くと湯気が出てきて弁当が温まるというものがありますが、これは、ひもを引くことによって密封された水と酸化カルシウムが混ざる構造になっています。このとき発生する熱で弁当を温めるのです。

この反応でできた水酸化カルシウム $Ca(OH)_2$ は白い粉末です。校庭に白いラインを引くときに石灰の白い粉末を使いますが、昔はこの水酸化カルシウムを使っていました。しかし水酸化カルシウムは強塩基性で目などに入ると有害なので、現在は代わりに炭酸カルシウムが使われています。

水酸化カルシウムの水溶液は石灰水といい、二酸化炭素を吹き込むと炭酸カルシウムの白い沈殿ができます。

$$Ca(OH)_2 + CO_2 \rightarrow CaCO_3 + H_2O$$

このとき生じた炭酸カルシウムの沈殿は、さらに過剰に二酸化炭素を吹き込んでいくと、炭酸水素カルシウムを生じて溶けます。

$$CaCO_3 + H_2O + CO_2 \rightarrow Ca(HCO_3)_2$$

水に不溶の炭酸カルシウムも炭酸水には溶けるのです。石灰岩が多い地域では、地下水に二酸化炭素を多く含む水によって、この反応式を行ったり来たりするので、炭酸カルシウムの溶解と再結晶を繰り返し、鍾乳洞ができます。

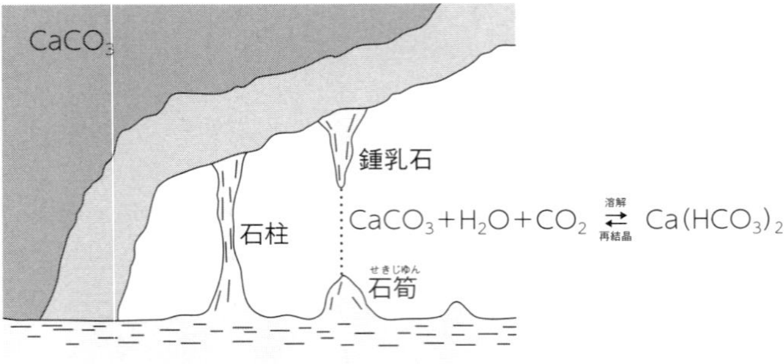

図 19-2　鍾乳洞でおきている平衡反応

鍾乳洞ができるような石灰岩の多い地域では、水の中にカルシウムイオンやマグネシウムイオンを多く含んでいます。このような水を硬水といいます。硬水は硬度という数字によって区別され、硬度が 120 未満の場合を軟水、120

以上のものを硬水と区別しています。

硬度は、1.0Lの水に溶けている炭酸カルシウムの質量をmg単位で表したものです。たとえば、炭酸カルシウムと炭酸マグネシウムが1.0L中にそれぞれ100 mgずつ溶けていたとすると、硬度は炭酸カルシウムはそのまま100、炭酸マグネシウムは式量が84と炭酸カルシウムよりも小さいので、1.2倍して120、合計220になりこの水は硬水に分類されます。

市販の硬水では、硬度が1000を超えるものもありますが、硬度が高いほど体内に吸収されにくくなるので、体質によってはおなかを下してしまう人もいます（便秘気味の人には効果があるともいえるので、硬水を好んで飲む人もいます）。

硬水には他にも欠点があり、加熱すると、溶け込んでいる炭酸水素イオンが炭酸イオンとなって沈殿します。やかんや電気ポットを長い間使っていると、白い粉状のものが内部につきますが、これは水に溶け込んでいたカルシウムイオンが炭酸カルシウムとなって析出したライムスケールというものです。こすってもなかなか落ちませんが、炭酸カルシウムは酸に溶けるので、お酢やクエン酸など酸で洗うときれいに落ちます。

もうひとつ、カルシウムを含む化合物で有名なものが石膏 $CaSO_4 \cdot 2H_2O$ です。石膏は燃えにくいので、家を建てる際の外壁の下地に石膏ボードとして広く使用されています。石膏をおだやかに120℃まで加熱すると、水和している水の一部を失って半水和物 $CaSO_4 \cdot \frac{1}{2}H_2O$ になります。

これを焼石膏といい、水を加えてよく練ると30分程度で硬化し、再び石膏に戻ります。この性質を利用して、医療用のギプスや石膏細工に使用されています。

両性元素（アルミニウム、亜鉛、スズ、鉛）

アルカリ金属、アルカリ土類金属以外の典型金属元素は、12～16族に位置しています。その中でアルミニウムAlと亜鉛Zn、スズSnと鉛Pbには共通する性質があります。それは酸性の溶液にも塩基性の溶液にも溶けるということです。このような特徴をもつ金属を**両性元素**といいます。たとえばアルミニウムと亜鉛をそれぞれ塩酸に溶かしたときは、次のような反応をおこします。

$$2Al + 6HCl \rightarrow 3H_2 + 2AlCl_3$$
$$Zn + 2HCl \rightarrow H_2 + ZnCl_2$$

また、水酸化ナトリウムに溶かしたときは次のようになります。

$$2Al + 2NaOH + 6H_2O \rightarrow 3H_2 + 2Na^+ + 2[Al(OH)_4]^-$$
$$Zn + 2NaOH + 2H_2O \rightarrow H_2 + 2Na^+ + [Zn(OH)_4]^{2-}$$

式の右側に出てくるカッコの記号［ ］は、普通のイオンとは異なるイオンに使われます。アルミニウムイオンと水酸化物イオンが水溶液中で独立して存在している場合は、$Al^{3+} + 4OH^-$と書きますが、Al^{3+}にOH^-が4つ結合して1つのイオンとしてふるまっている場合には、［ ］というカッコを使い、ひと固まりのイオンとして扱います。これを

錯イオンといいます。

Al^{3+}にOH^-を加えていくと、初めは水酸化アルミニウム$Al(OH)_3$の白い沈殿が生じますが、さらに加えていくと、錯イオンを生じて白い沈殿は溶けてなくなってしまいます。錯イオンは水に溶けるのが特徴なので、水酸化物イオンOH^-と結合して錯イオンになれる金属（アルミニウムAl、亜鉛Zn、スズSn、鉛Pb）は、塩基性の水溶液にも溶けることができるのです。

宝石のルビーはアルミニウムでできていた

アルミニウムAlは金属のイオン化傾向（第15項参照）で考えると、かなり酸化されやすい金属で、鉄よりもはるかにイオンになりやすい金属です。しかし、アルミホイルは錆びた鉄のようにぼろぼろにはなりません。

なぜかというと、アルミニウムは空気中に放置されると表面に緻密な酸化被膜を生じ、酸化が内部まで進まないように保護する効果があるためです。このような状態を**不動態**といいます。

アルミニウムの場合は、この酸化被膜が透明のため、私たちは錆びたと気づかないのです。アルミ箔などを見ると、いつもピカピカしていて、まるで錆びない金属のように誤解してしまいますが、実際は違ったのですね。不動態はアルミニウム特有の現象ではなく、鉄Feやニッケル Niを濃硝酸に入れたときにも不動態になります。

アルミニウムのこの酸化被膜の正体は酸化アルミニウムAl_2O_3です。アルミナとも呼ばれ、天然では無色透明の鋼玉（コランダム）として産出し、ダイヤモンドに次ぐ硬さをもち、研磨剤に用いられます。宝石として有名なルビーやサファイアも主成分は酸化アルミニウムであり、不純物として少量のクロムを含むと色が赤いルビーになり、少量の鉄とチタンを含むと色が青いサファイアになります。

奈良の大仏を陰で支えた水銀

水銀 Hg は常温で唯一の液体の金属で、天然には深紅色の結晶の**辰砂**《しんしゃ》 HgS として産出します。

辰砂は、朱色の顔料や漢方薬として珍重されてきました。ただ現在では、水銀は人体にとって有害であることがわかっているので、漢方薬としては使われなくなりました。また、空気中で熱するだけで水銀の蒸気が発生するので、これを集めて冷却すれば水銀の単体が得られます。

なぜ水銀は古くから使われていたのかというと、金と混ぜると、金を溶かしてアマルガムといわれる合金を作るからです。このアマルガムを塗って加熱すると、水銀は蒸発するので金だけが残り、金メッキができるのです。現在の金メッキでは、金を溶かすのに青酸ナトリウム NaCN を使用した方法が主流ですが、過去にはこの水銀を用いた方法が用いられていました。

奈良の大仏は銅でできていますが、建立当時はこの水銀アマルガムを利用した金メッキがほどこされていたので、たいへん美しいものだったはずです。しかし、蒸発した水銀は人体に入って有害な作用をおこすので、おそらくこの作業に従事した人は水銀中毒になったのではないかと思われます。また、水銀の蒸気は平城京中にばらまかれたはずなので、平城京から長岡京に遷都したのも、この水銀による中毒者が多発したのが原因かもしれません。

銅メダルなのにスズ!?

スズSnは、他の金属とセットで広く使われています。銅とスズの合金で青銅（ブロンズ）、鉛とスズの合金でハンダ、鉄にスズをメッキすることによって作るブリキなどは身近にあります。オリンピックの銅メダルには、純粋な銅ではなく青銅が用いられています（だから英語ではブロンズメダルというのですね）。

単体は比較的毒性が低いので、過去には食器などにも広く用いられていましたが、現在ではほとんど使われていません。これは、スズの単体は低温でボロボロになってしまうという弱点があるからです。

スズの単体は白色スズと灰色スズがあり、室温では白色スズが安定ですが、－20℃程度の低温では灰色スズに変化していきます。この際に体積が膨張するので、スズ製品はぼろぼろに壊れてしまいます。この現象は1ヵ所でおきた変化が全体に広がっていくので、病気のペストが広がっていくのにたとえてスズペストといわれています。

ナポレオンがロシアに遠征した際には、将兵のボタンがスズでできていたため、極寒のロシアで次々にぼろぼろになってしまい、ロシア軍が病原菌を撒き散らしたのだという噂もあって、将兵の士気を下げ、フランス軍の敗退を加速したといわれています。

20 文明を支える金属
遷移金属元素

この項では遷移金属元素を取り上げます。遷移金属元素は、周期表でちょうど真ん中あたりに位置しています。「遷移」という言葉の意味は「移り変わる」です。周期表が作られつつあった19世紀ごろに、1族のアルカリ金属という陽イオンになりやすい性質の元素と、ハロゲンという陰イオンになりやすい性質の元素の間にある、つまり性質が「移り変わる」途中の元素として「遷移」と名づけられました。鉄・銅・銀といった、初期の文明で人類の発展に貢献した金属の多くは遷移金属元素です。

ポイント

❶遷移金属元素は典型金属元素と異なり、Fe^{2+}とFe^{3+}など複数種類の陽イオンになることができます。

❷鉄は、鉄鉱石に含まれる酸化鉄を溶鉱炉で還元して作ります。この還元された鉄（銑鉄《せんてつ》）に含まれる炭素の量を用途に応じて調整したものを鋼《はがね》といいます。

❸銅は、電気伝導性や熱伝導性が高いので、電気材料として利用されています。

❹銀は、イオン化傾向が小さいので、イオンとして溶けていても、光が当たると還元されて単体になります。

遷移金属元素とは

遷移金属元素の特徴のひとつは、複数種類の陽イオンになれることです。

典型金属元素のイオン、たとえばナトリウムイオンはNa^{+}ですし、カルシウムイオンはCa^{2+}と決まっていて、Na^{2+}やCa^{+}というイオンは存在しません。しかし、遷移金属元素は鉄イオンといってもFe^{2+}とFe^{3+}の2つの状態をとることができ、銅イオンもCu^{+}とCu^{2+}の2つの状態をとることができます。そこで、遷移金属元素のイオンは、価数をローマ数字で元素名の後につけ、Fe^{2+}は鉄（Ⅱ）イオン、Fe^{3+}は鉄（Ⅲ）イオン、Cu^{+}は銅（Ⅰ）イオン、Cu^{2+}は銅（Ⅱ）イオンと表して区別します。

酸化物も同様です。典型金属元素の酸化物、たとえば酸化ナトリウムはNa_2O、酸化カルシウムはCaOとそれぞれ1種類しかありません。一方、酸化銅はCu_2OとCuOの2種類が考えられるので、Cu_2Oは酸化銅（Ⅰ）、CuOは酸化銅（Ⅱ）と表して区別します。

周期表における遷移金属元素の配置は、第19項を参照してください。

製鉄の仕組みと鉄の性質

自然界のすべての**鉄** Feは酸化物として存在します。この酸化物には2種類あり、**赤錆**と呼ばれる酸化鉄（Ⅲ）Fe_2O_3と、**黒錆**と呼ばれる酸化鉄（Ⅱ, Ⅲ）Fe_3O_4(Fe^{2+}とFe^{3+}が1：2の状態で混ざった酸化物）です。

赤錆は釘を放置したときや、使い古したスチールウールに発生する赤茶色のものです。これは鉄をボロボロにしてしまう原因として嫌われています。黒錆は、赤錆とは違い、鉄表面を均一に覆うと内部まで鉄が錆びるのを防ぐ効果があります。東北地方の伝統工芸品である南部鉄器は見た目が黒いですが、これは鉄器の形を作ってから800～1000℃の木炭の火で焼き、鉄の表面にわざと黒錆をつけることで、内部の鉄を保護しているのです。

私たちが日常的に使用している鉄は、すべてFe_2O_3かFe_3O_4のどちらかの酸化鉄を還元して製造されています。日本ではごくわずかなFe_3O_4が砂鉄として採集できるだけなので、原料の鉄鉱石はオーストラリアなどから輸入しています。輸入鉄鉱石の主成分はFe_2O_3で、**図20-1**の**高炉**を使って還元します。

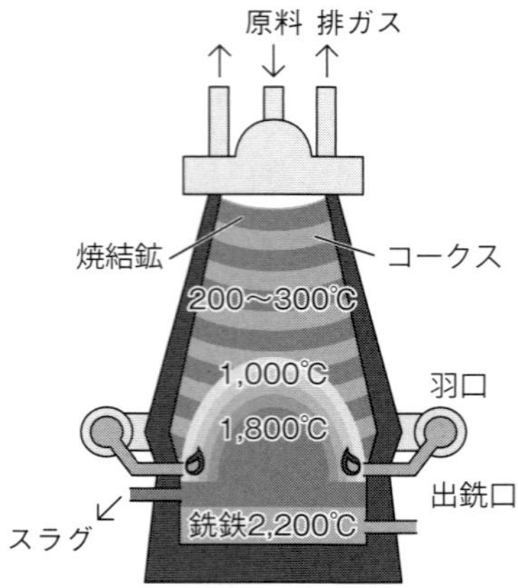

図20-1　高炉

鉄鉱石とコークス（主成分は炭素C）を粉末にして混ぜ

合わせてから加熱すれば、酸化鉄の酸素がコークスの炭素に奪われて還元されるのでよさそうですが、酸化鉄は粉末にするのは大変ですし、粉末を炉に入れると、炉が詰まってしまいます。

そこで、鉄鉱石の粉末に石灰岩（主成分は炭酸カルシウム $CaCO_3$）を砕いたものを混ぜ、焼き固めてペレット状にしたもの（焼結鉱といいます）と、石炭を蒸し焼きにしてコークスにしたものを交互に炉の中に入れます。焼結鉱もコークスもゴルフボールよりも少し小さいくらいの大きさで、積み重なると高炉の中に適度な空間ができるので、コークスから発生した一酸化炭素 CO により、酸化鉄がスムーズに還元できるようになります。同時に、鉄鉱石中の不純物も、石灰岩中の炭酸カルシウムと反応させることによって取り除くことができます。

生成した液体状の鉄（これを銑鉄《せんてつ》と呼びます）は、溶鉱炉の底から出てきます。一方、不純物は炭酸カルシウムと反応してスラグというさまざまな物質の集合体となり、銑鉄の上に浮かんできます。

銑鉄は、約 4％の炭素分を含み、固いけれどももろくて割れやすいという性質をもちます。この性質は、含まれる炭素の量を変えることによって調整することができます。調整法は、転炉という大きな炉にためた銑鉄に酸素を吹き込んで、含まれている炭素と反応させて二酸化炭素として取り除くという操作です。

含まれる炭素の量を 0.12％まで減らすと、柔らかく、加工しやすい極軟鋼となり、自動車や家電製品の薄板などに使われます。0.12〜0.30％のものは軟鋼といい、極軟鋼より少し硬くなります。鉄の釘をイメージしてもらうとわかりやすいと思います。他にも、鉄筋や鉄骨、針金にも使われます。さらに炭素の含有量が増えて0.30〜0.50％になると、歯車などの機械部品に使われるようになります。これ以上炭素を含むものは最硬鋼といい、最も強度を必要とされる刃物やレールなどに使われます。

鉄は塩酸や硫酸などの酸と反応してFe^{2+}になります。

$$Fe + 2H^{+} \rightarrow H_2 + Fe^{2+}$$

これはイオン化傾向がH^{+}よりもFeのほうが大きいことが理由です。Fe^{2+}の水溶液は淡い緑色をしていますが、空気中の酸素で容易に酸化されて、Fe^{3+}の黄褐色の水溶液になります。このように遷移金属元素は、まわりの環境によって酸化数が変わります。

1万年以上のお付き合い――銅

銅Cuは赤みを帯びた金属光沢をもち、わずかながら自然銅として天然に産出されるものもあるため、人類による銅の利用には1万年以上の歴史があります。現在では世界中で、鉄、アルミニウムに次いで3番目に多く生産される重要な金属です。

銅は電気や熱をよく通す性質から、導線など電気関連の材料として使われます。このとき、不純物が混入すると結晶格子にゆがみが生じて自由電子の動きが妨害され、電気抵抗が大きくなってしまい電気材料としては使えません。

そのため、電解精錬を利用し、含まれる不純物をできるだけ取り除いた99.99%の純銅を利用しています（電解精錬については第17項を参照）。

銅は黄銅鉱 $CuFeS_2$ が主要な鉱石ですが、これを溶鉱炉と転炉で2段階に還元して製造します。鉄の原料である鉄鉱石と違い、銅の鉱石は硫化物が多いのが特徴なので、溶鉱炉から転炉と還元していくにしたがって、二酸化硫黄 SO_2 が大量に発生します。

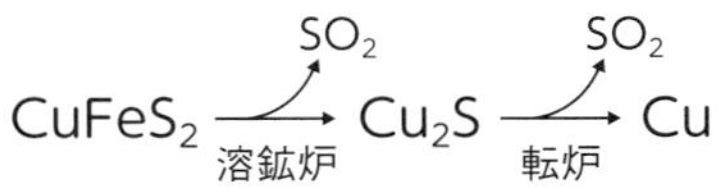

現在ではこの二酸化硫黄は一切外部に出さずに、SO_3 に酸化した後に水と混ぜて硫酸 H_2SO_4 として活用していますが、明治時代はすべて大気中に放出していました。そのため放出された二酸化硫黄は酸性雨となって降り注ぎ、銅の製錬工場のまわりは木が枯れてしまいました。

さらに銅の鉱石は鉄鉱石と比べて銅の含有量が0.5～2%と低いため、細かく砕いたあと、銅を多く含んでいる鉱石のみを選別する選鉱というプロセスが必要になります。この選鉱は水の中で行われるため、使った水をそのまま川に流すと、含まれる銅（Ⅱ）イオンが農作物に被害を及ぼします。

田中正造が明治天皇に直訴を行ったことで有名な足尾銅山鉱毒事件は、①酸性雨により木が枯れてハゲ山になる→山崩れがおきる、②二酸化硫黄による煙害、酸性雨被害、

③渡良瀬川に含まれる銅（Ⅱ）イオンによる農作物被害、健康被害、という複数の要因が組み合わさった環境問題だったのです。

殺菌作用もある銀

銀 Ag は貴金属として古くから貨幣に使われてきました。スペインがインカ帝国を征服したのちに発見したポトシ銀山からは、莫大な量の銀が採掘され、銀の価値が急落したために、銀の値段を物価の基準にしていたヨーロッパ各国にインフレをもたらしたほどです。

銀はイオン化傾向が小さいために、錆びにくく、食品中の酸成分と反応することがないので、食器としても使われてきました。ただし、硫化水素と反応して硫化銀 Ag_2S になり黒く変色するので、硫黄を多く含む食品、たとえばゆで卵を銀食器に置くと黒くなることがあります。

銀はイオン化傾向が小さいので、塩酸や薄い硫酸には溶けませんが、硝酸には溶けて硝酸銀 $AgNO_3$ になります。

$$Ag + 2HNO_3(\text{濃}) \rightarrow AgNO_3 + NO_2 + H_2O$$
$$3Ag + 4HNO_3(\text{希}) \rightarrow 3AgNO_3 + NO + 2H_2O$$

銀はイオン化傾向が小さいために、Ag^+ は電子をまわりから奪って還元されやすいという特徴があります。上の反応式では、銀が酸化されて銀イオンになっていますが、その逆の反応がおこるのです。そのため、無色透明な結晶である硝酸銀は光の当たる場所を避けて保存しないと、次第に単体の銀が生成してきて黒ずんできてしまいます。このとき生成した銀は細かい粒子のため金属光沢はなく、ただの黒い粒に見えるためです。この性質を逆に利用して、光が当たった部分だけ黒く色がつくようにしたものが昔の写真です。

この還元されやすいという性質は、周囲に細菌があると細菌から電子を奪って殺してしまう、つまり殺菌作用にもなるため、これを利用して消臭スプレーなどに銀イオンAg^+を用いたものが販売されています。

さまざまな合金

日本の硬貨のうち、1円硬貨だけはアルミニウムの単体でできていますが、それ以外の硬貨はすべて合金でできています。

5円硬貨は銅が60〜70%、亜鉛が40〜30%からなる**黄銅**という合金でできています。黄銅は、酸化されやすいという亜鉛の欠点と、変形しやすいという銅の欠点をお互いに補った優れた合金です。

10円硬貨は純粋な銅の色に見えますが、じつは亜鉛とスズが数%ずつ混ぜられており、**青銅**と呼ばれる合金です。青銅は亜鉛とスズを混ぜることにより銅の融点を下げ(純銅では融点は1000℃を超えますが、青銅では700℃程度まで下がります)、変形しやすいという銅の弱点を補っています。

青銅といえば、歴史の中で出てくる銅剣や銅鏡が有名ですね。世界で初めて金属を利用したシュメール人は、スズが混ざった銅鉱石をそのまま製錬して使用したので、青銅を使っていました。青銅は、より硬い鉄の製造技術が確立するまでは、武器や壺、鏡や祭器などに広く使われていました。青銅というと、鎌倉の大仏やニューヨークの自由の女神などのいわゆる青銅色を思い浮かべますが、この色は**緑青**《ろくしょう》といわれ、銅が酸素、二酸化炭素、水と反応することによって生成するものです。

$$2Cu + O_2 + CO_2 + H_2O \rightarrow CuCO_3 \cdot Cu(OH)_2$$

本来の青銅の色はスズの割合により変化しますが、割合が少ないと赤銅色、多くなるにつれ黄金色、白銀色と変化していき、どれも鏡として使えるほど金属光沢があるものです。つまり、私たちが日常生活で目にしている青銅色とは、本来の青銅の色ではなく緑青の色なのです。

50円硬貨、100円硬貨には銅75%、ニッケル25%の**白銅**が使われています。昭和30年代ごろの100円硬貨は銀を60%も含んでいましたが、銀の価格が高騰したため、輝きの似た白銅に切り替えられました。旧500円硬貨も白銅でしたが、現在の500円硬貨は銅72%、亜鉛20%、ニッケル8%の**ニッケル黄銅**が使用されています。

Part 4

有機化学

炭素が主人公、「有機」を化学的に考える

有機化学で扱う有機化合物とは、一酸化炭素 CO、二酸化炭素 CO_2 などの無機物を除いた、炭素原子を含む化合物を指します。なぜ「有機」という言葉を使うのかというと、この「機」は、生命機能を表し、これが「有る」、すなわち生きているものからしか作られないものを「有機物」と呼んでいたからです。これが、黒鉛を燃やせばすぐにできる一酸化炭素や二酸化炭素を有機化合物に含まない理由です。ところが 1828 年、ドイツの化学者ウェーラーが、シアン酸アンモニウムという無機物質から、尿素という生体でしか作れないはずの有機化合物を実験室で合成することに成功しました。以来、「有機」の定義はすっかり崩れてしまいましたが、私たちの生活に密接に関わる炭素化合物を表すのに便利なので、今でもその名前だけが残っています。

21 石油や天然ガスの主成分
炭化水素

有機化合物の中で、炭素 C と水素 H だけでできているものを炭化水素といいます。ガスコンロをひねったときに出てくるガスはメタン CH_4 で、炭化水素です。100 円ライターに入っているガスはブタン C_4H_{10} で、これも炭化水素です。石油や天然ガスは炭化水素の混合物なので、炭化水素について知ることは、エネルギーについて知ることにつながります。

ポイント

❶炭素原子 C と水素原子 H だけからなる有機化合物を炭化水素といいます。

❷ガソリンなどの燃料として重要な、炭素原子間に単結合しかもたない炭化水素をとくにアルカンといいます。

❸炭素原子間に二重結合をもつものをアルケン、三重結合をもつものをアルキンといいます。

日常生活と切っても切れない炭化水素

有機化合物とは、炭素を含む化合物をひとまとめにした呼び名です（ただし二酸化炭素などは除きます）。有機物という概念が生まれた18〜19世紀初頭は、有機化合物は生物しか作り出すことができないと考えられていました。

ところが1828年、ドイツの化学者ウェーラーは、シアン酸アンモニウム NH_4OCN という無機物から、尿素という生体でしか作れないはずの有機化合物を実験室で生成することに成功しました。以来、「有機」のもつ「生きているものからしか作られない」という定義はすっかり崩れてしまい、今ではその名前だけが残っています。この項では、有機化合物のうち炭素原子Cと水素原子Hだけからなるものを紹介します。

メタン CH_4、エタン CH_3-CH_3、プロパン CH_3-CH_2-CH_3 のように、炭素と水素だけからできている有機化合物を**炭化水素**といいます。いちばん身近な炭化水素はガソリンです。しかしガソリンは炭化水素の混合物で、ガソリンという名前の炭化水素はありません。原油を加熱したときに出てくる、炭素原子を5〜11個含む沸点の低い炭化水素を集めたものが、ガソリンの原料（ナフサ）になります。

このナフサには、炭素原子に枝分かれのない炭化水素が多く含まれますが、うまく燃焼しないので、触媒を用いて枝分かれの多い構造に変えてガソリンとします。

原油の精製は大変高度な技術が必要で、中東の産油国のほとんどの国では、原油はたくさん採れても精製する技術がなく、ガソリンや石油化学製品は先進国から輸入してい

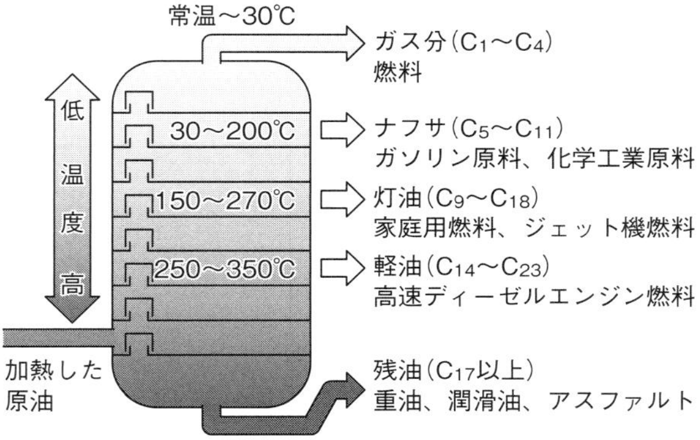

図21-1　原油の分留と各留分

ます。たくさんある有機化合物の中で、もっとも構成が単純な炭化水素ですら、これを役に立つようにするのはたいへん高度な技術が必要なのです。

アルカン

それでは、炭化水素について詳しく見ていきましょう。炭素原子が作ることが可能な4本の共有結合のことを「手」と表現して、この手に水素をつけてみましょう。水素の「手」は1本なので、全部で4個の水素をつけられます。

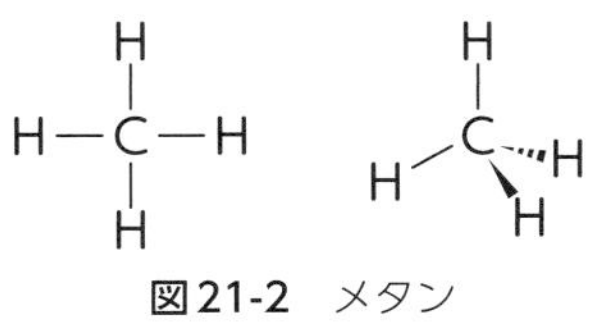

図21-2　メタン

これは「メタン」とよばれる物質で、最も単純な有機物です。左の図がメタンを平面上に描いたもの、右の図はメタンの実際の形を立体的に描いたもので、紙面の手前に出る手を黒い三角形で、奥に向かう手を点線で表しています。メタンからさらにCの数を2個、3個と増やしていくと、**図21-3**のようになります。

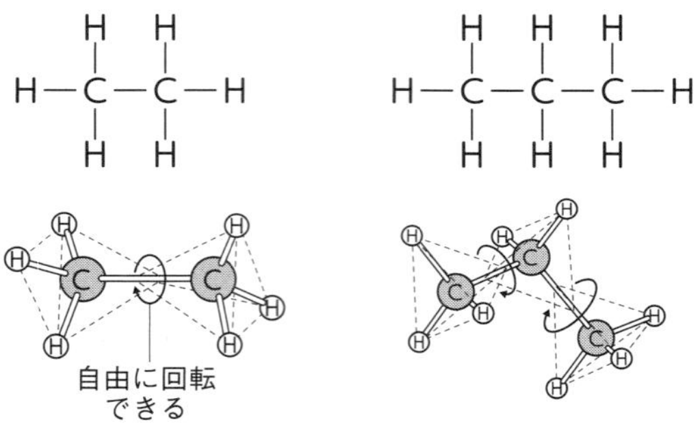

図21-3　エタン(左)とプロパン(右)

図の左が「エタン」で、右が「プロパン」です。このように、炭素Cの数を増やすことで次々と炭化水素を作ることができます。

表21-1ではCが7個の炭化水素まで挙げましたが、この表には「構造異性体」という項目があります。メタン、エタン、プロパンではこの数が0になっていますが、100円ライターのガスの成分であるブタンでは2、常温で液体の炭化水素のうち最も沸点が低いペンタンでは3と、だんだん数が増えています。

表21-1 炭化水素の分類

分子式	名称	構造異性体の数
CH_4	メタン	0
C_2H_6	エタン	0
C_3H_8	プロパン	0
C_4H_{10}	ブタン	2
C_5H_{12}	ペンタン	3
C_6H_{14}	ヘキサン	5
C_7H_{16}	ヘプタン	9

この数字は、同じ分子式で異なる構造が何種類できるかを表しています。メタン、エタン、プロパンでは、どう頑張っても1種類の構造しか作れません。しかし、ブタンではどうでしょうか。直線状の炭化水素だけでなく、枝分かれをもつ炭化水素（メチルプロパン）も作ることができます。

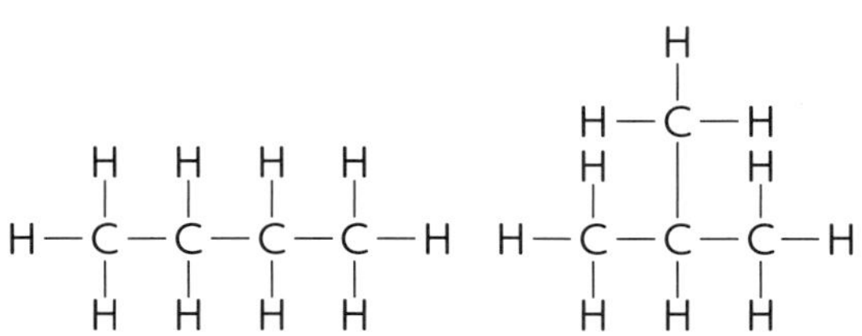

図21-4 2種類のC_4H_{10}

このように分子式（C_4H_{10}）が等しく、構造式が互いに異なる関係を**構造異性体**といいます。炭素原子の数が増えるほど、作ることのできる構造異性体も増えていきます。

ここまでに紹介した炭化水素は、すべて単結合で構成されています。これらを総称して**アルカン**と呼びます。

アルケンとアルキン

C原子には「手」が4本あるので、アルカンのように手を1本ずつ単結合するのではなく、4本のうち2本を隣の原子との結合に使うこともできます（これを二重結合といいます）。しかし、水素は手が1本ですから、C=Hという構造は作ることができません。必ずC=Cのように炭素間にできることになります。つまり、Cが2個以上あってはじめてC=Cはできるわけです。

このように、炭素原子間に二重結合をもった炭化水素を**アルケン**といいます。最も単純なアルケンは、C原子が2個のエチレンです（エテンが正式名称ですが、慣用名のエチレンのほうが広く使われています）。エチレンは果実を成熟させるホルモンとして有名で、リンゴはエチレンガスをよく出すので、バナナと一緒に保管するとバナナが速く成熟します。同じC原子が2個のエタンと比較してみると、Hが2個減って、その減ったぶんの手が二重結合を作るために使われたことがわかります。

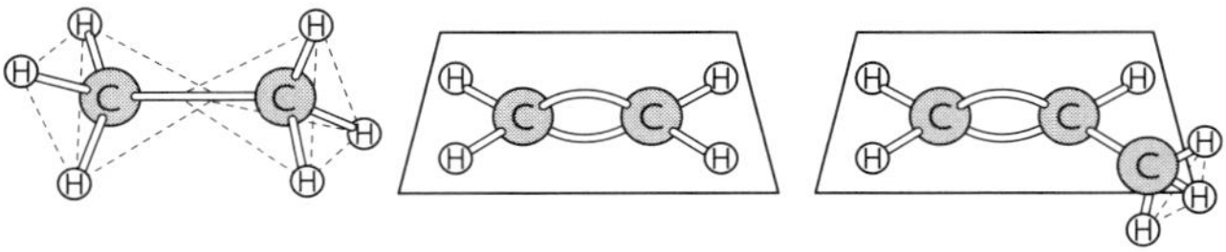

図21-5 エタン(左)、エチレン(中)、プロピレン(右)

図 21-5 は、エチレンが平面構造であることを表しています。エタンでは正四面体形を 2 つつなげた立体構造ですが、エチレンでは二重結合に隣接する元素すべてが同一の平面上に存在します。また、C が 3 個のプロピレン（プロペン）では、3 つの C 原子と、二重結合をもつ C 原子に結合している H 原子が、ともに同一平面上にあります。

エタン→エテン、プロパン→プロペンとなるように、アルケンの名前を付けるには、アルカンの英語名の語尾 -ane を -ene に変えます。ブタンはブテン、ペンタンはペンテンとなります。

ただし、エテンはエチレン、プロペンはプロピレンという慣用名（あだ名と考えてください）のほうが広く使われています。また、ブテン以降では、二重結合の位置の候補が 2 つ以上ありますので、二重結合の位置を数字で示し、1-ブテン、2-ブテンと表現します（**図 21-6**）。また、2-ブテンにはじつは 2 種類の構造式があります。これを**幾何異性体**といい、CH_3-が同じ側にあるものを cis-2-ブテン、逆側にあるものを trans-2-ブテンというように、cis（シスと読みます）、trans（トランスと読みます）を頭につけて区別します。

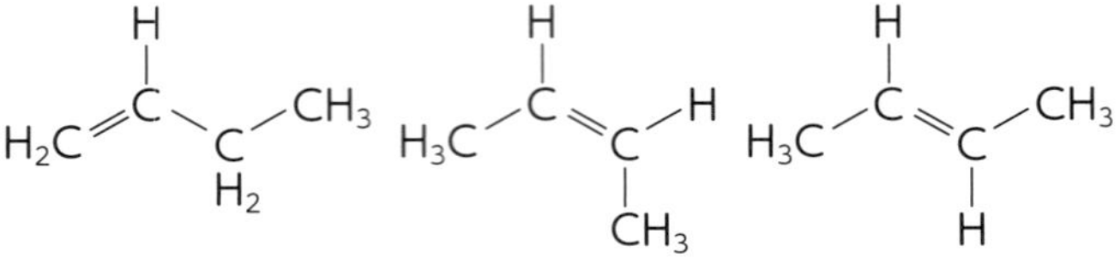

図21-6　1-ブテン(左)、cis-2-ブテン(中)、trans-2-ブテン(右)

さて、C原子には4本の手があるので、3本を隣のC原子との結合に使うことだってできます。この三重結合をもつグループを**アルキン**といい、名称はアルカンの語尾-aneを-yneに変えます。いちばん簡単なアルキンは、炭素が2つのアルキンであるアセチレン（エチンが正式名称ですが、慣用名のアセチレンのほうが広く使われています）です。アセチレンは、酸素と混ぜて完全燃焼させると3300℃もの高温になるので、金属加工工場で金属を切断するアセチレンバーナーとして使われています。

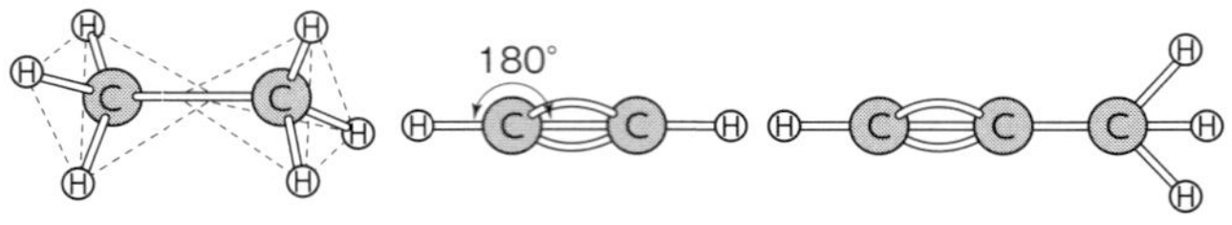

図21-7　エタン(左)、アセチレン(中)、プロピン(右)

アルケンの二重結合のまわりが平面構造だったのに対し、アルキンの三重結合のまわりは直線構造です。そのため、アセチレンは4つの原子がすべて直線上に存在します。また、Cが3個のプロピンでは3つのC原子と、三重結合をもつC原子に結合しているH原子までが、ともに直線上にあります。

炭化水素の反応性の違い

ここまで、アルカン、アルケン、アルキンという3つのグループの炭化水素を取り上げました。反応性の違いは、単結合しかないアルカンと、多重結合のあるアルケン、アルキンで明確に分けられます。

まずは、アルカンです。アルカンは反応性は低いのですが、紫外線などの強い光を当てると、塩素や臭素などのハロゲンと反応します。

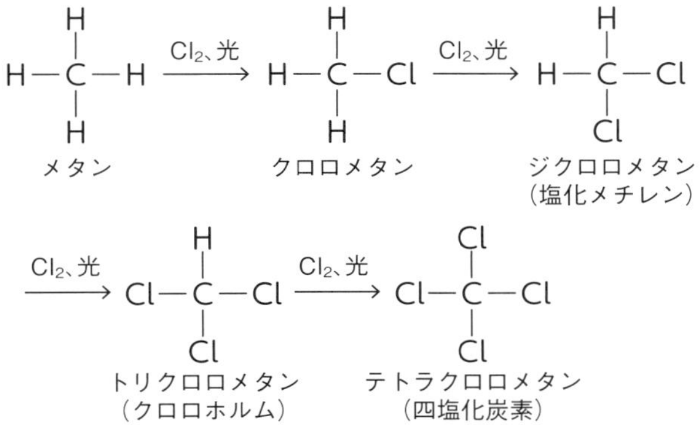

図21-8　アルカンの反応

この反応は、分子中の原子が他の原子に置き換わるので、**置換反応**といいます。クロロホルムは麻酔作用があるので、昔は手術などに用いられていましたが、毒性が高いので現在は使用されていません。

これに対し、アルケン、アルキンでは、炭素原子間の2本目、3本目の手が切れて、反応する相手の原子と新しい結合を形成します。

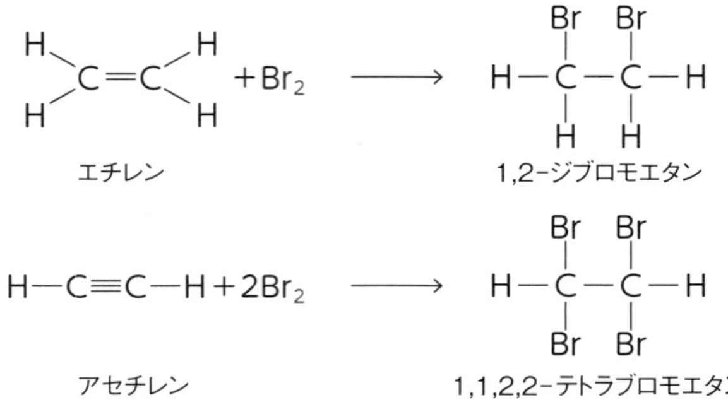

図21-9　アルケンの反応（上）とアルキンの反応（下）

この反応は、アルケン、アルキンに新しい原子がくっつくので、**付加反応**と呼ばれます。

エチレンに臭素が付加して生成した1,2-ジブロモエタンは、昔は農薬として使われていましたが、現在は毒性が疑われているため使われていません。

1,1,2,2-テトラブロモエタンは透明な粘性の高い液体で、密度が3.0 g/cm^{3}と水の3倍近くあります。この液体は鉱石の分類に使われています。有用な金属を含む鉱石は密度が3.0 g/cm^{3}以上ありますが、鉱石のうち金属を含まない部分は、その多くが密度が3.0 g/cm^{3}以下です。そこで、鉱石を砕いたものを1,1,2,2-テトラブロモエタンに投入すると、金属を含む鉱石のみが沈み、鉱石を必要なものと不要なものに分けることができるわけです。

輪っかになった炭化水素

最後に、環状構造をもつ炭化水素について紹介します。

アルケンは、C-Cの単結合から、隣り合うC原子からH原子が1個ずつ取れて、新たな結合を作るというものでした。このとき、隣り合うC原子ではなく、離れたC原子からH原子が1個ずつ取れると、C原子による環状構造ができます。このとき、アルカンの名前の前に「シクロ」を付けます。シクロプロパンは、Cが3個の最も簡単なシクロアルカンです。C原子が6個の場合はシクロヘキサンになります。

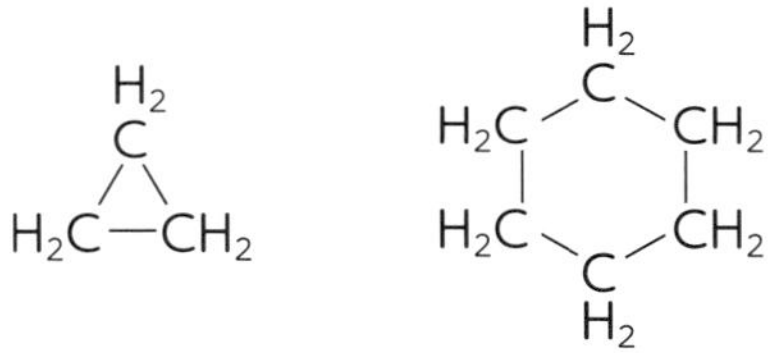

図21-10　シクロプロパン（左）とシクロヘキサン（右）

シクロアルカンがすべて単結合で環状構造を作るのに対し、シクロアルケンは、環状構造の中に二重結合が含まれます。**図21-11**は、左から、シクロプロペン、シクロペンテンです。

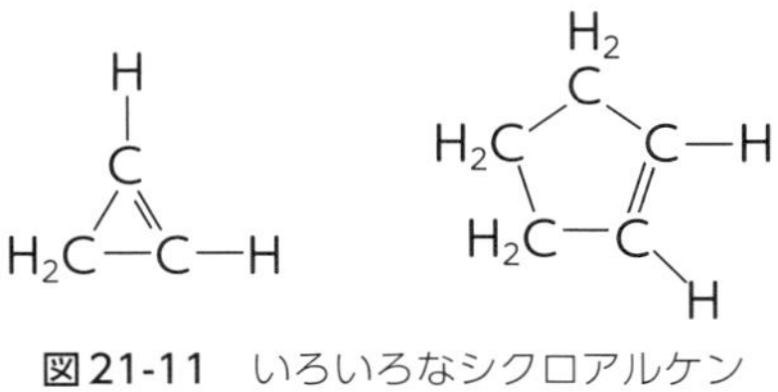

図21-11　いろいろなシクロアルケン

もちろん、シクロアルキンもありますし、二重結合を2

つ含んだ環状構造をもつシクロアルカジエンというものもあります。いろいろな炭化水素が考えられるわけです。

炭素骨格が鎖状構造のアルカンと、構造の一部が環になったシクロアルカンを合わせて、**飽和炭化水素**といいます。これに対して、炭素原子間に二重結合または三重結合を１つ以上もった炭化水素を**不飽和炭化水素**といいます。水溶液では、これ以上溶質が溶けることができない水溶液を飽和水溶液といいます。有機化学では、多重結合をもたないため、これ以上付加反応をおこすことができない炭化水素を飽和炭化水素とよぶのです。

植物性油脂と動物性油脂の違い

バターやラードというと、動物性油脂なので体に悪いというイメージがあり、サラダ油やごま油というと、植物性油脂なので体によいというイメージがあると思います。

動物性油脂が体に悪いのは、植物性油脂に比べて融点が高いので、人間の体温程度の温度では固体のものが多く、摂取したときに血管の内部につきやすいという理由からです。これに対して植物性油脂は、室温で液体です。この融点の違いがなぜ出てくるのかというと、油脂に含まれる炭化水素の構造が関係しています。

一般的な油脂は**図 21-12** の構造をしていて、炭化水素を表す３つの－R の部分についている炭素の数、二重結合の数が異なることで違いが出てくるのです。図では、３つのR の部分がすべて $C_{15}H_{31}$ のパルミチン酸からなる油脂の構造を例として紹介しています。

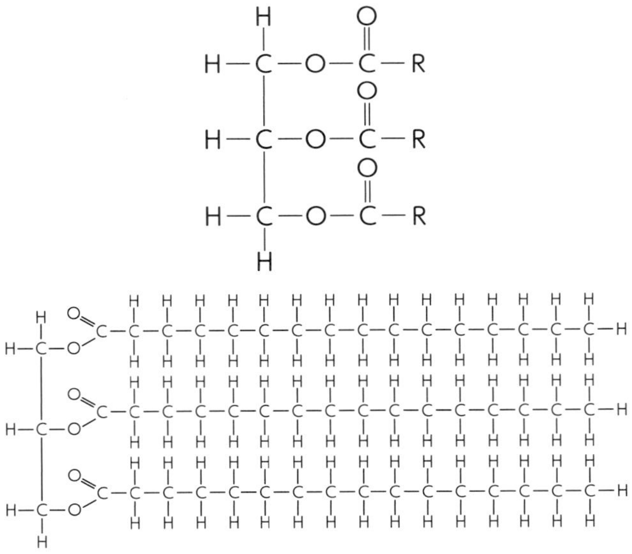

図21-12　油脂の構造式とパルミチン酸だけからなる油脂

動物性油脂では、Rの部分が主に$C_{15}H_{31}$のパルミチン酸や、$C_{17}H_{35}$のステアリン酸という**飽和脂肪酸**からできているのに対して、植物性油脂では、Rの部分が主に$C_{17}H_{33}$のオレイン酸、$C_{17}H_{31}$のリノール酸という炭素原子間に二重結合を持つ**不飽和脂肪酸**からできています。オレイン酸やリノール酸はステアリン酸に比べてHの数がそれぞれ2個、4個少ないので、炭素原子の間に二重結合がオレイン酸では1つ、リノール酸では2つあることがわかります。

図21-13の（a）のように、飽和脂肪酸は直鎖状の分子で、分子同士が接近しやすく、分子間力が強く働くため、

融点が高くなります。一方、不飽和脂肪酸はシス形の二重結合を含んでいて、(b) のように折れ曲がった分子となります。そのため分子同士の接近ができず、バラバラの配列をとるので、隙間が多くなり、分子間力は弱くしかはたらかないため、融点は低くなります。

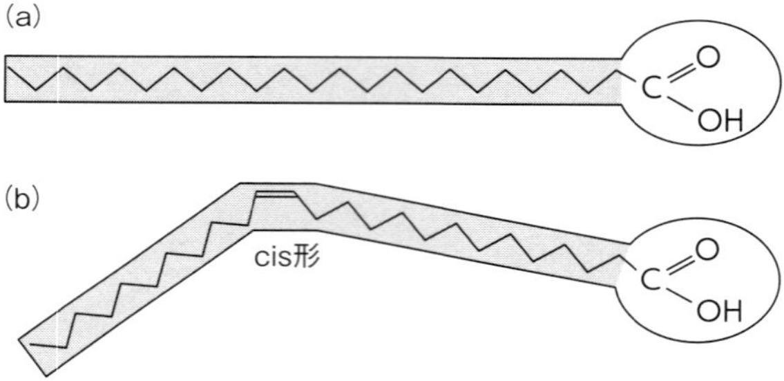

図21-13　飽和脂肪酸(a)と不飽和脂肪酸(b)の形

また、反応しやすい二重結合が多くあると、空気中の酸素と反応して油脂は酸化されて風味が落ちてしまいます。植物性油脂が動物性油脂に比べて保存がききにくいのは、二重結合が多くあるのが理由です。

22 アルコール、エーテル、エステル
酸素を含む有機化合物

有機化合物は、炭化水素のようにCとHだけで構成されるのではなく、酸素Oや窒素N、場合によってはハロゲンや硫黄Sなど、その他の元素を含む場合もあり、その種類は無数にあります。そこで何らかの基準を用いて、無数にある有機化合物をグループ分けできないかを考えてみましょう。

ポイント

❶有機化合物はその特性を表す原子団である官能基によって分類できます。

❷アルコールは-OHという構造をもつ有機化合物のグループ名で、エタノール以外のアルコールは人体に有害です。

❸エーテルは炭素原子が酸素原子を挟んだ構造（C-O-C）をもち、麻酔作用があります。

❹カルボン酸とアルコールが反応して生成するエステルは、果実臭がするので香料として使われます。

アルコールという物質は存在しない!?

お酒には**アルコール**が含まれていますが、じつはアルコールはメタノール、エタノール、1-プロパノールなどの有機化合物を含むグループ名で、アルコールというただ1つの物質はありません。**図 22-1** のように、メタノールはメタン CH_4 の4つのHのうちの1つがOHになったもの、同様にエタノールはエタン CH_3CH_3 の6つのHのうちの1つがOHになったものです。

プロパノールは、プロパン $CH_3CH_2CH_3$ の8つのHのうちの1つがOHになったものですが、両端のCについているHと、真ん中のCについているHでは、OHに変わったときに異なる構造、つまり構造異性体ができます。そこで、Cに端から1〜3の番号をつけ、OHのついている場所の数字をつけて、1-プロパノール、2-プロパノールという名前をつけます。3-プロパノールという名前も可能ですが、数字がなるべく小さくなるように名前をつけるのが決まりなので、1-プロパノールとします。

図で紹介した4種類のアルコールのように、構造式中に-O-Hという構造（**ヒドロキシ基**といい、-OHと省略して表します）を持っている有機化合物をアルコールと呼び、「沸点が高い（メタン、エタン、プロパンは常温で気体ですが、図中の4種類のアルコールは液体）」、「水と混ざりやすい」という共通した特徴があります。

メタノールという名前は、基本骨格の炭化水素の名前メタンからつけられています。エタノール、プロパノールも同様です。お酒に含まれるアルコールはじつはエタノール

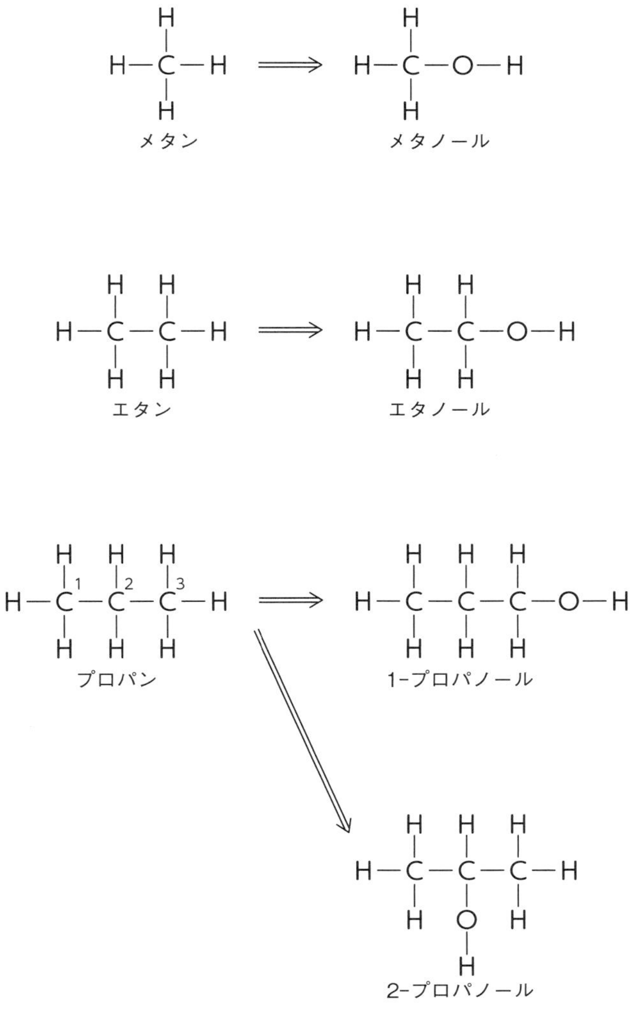

図22-1　4種類のアルコール

で、エタノール以外のアルコールは人体に有害なのです。

アルコールに属する有機化合物が共通して持つヒドロキシ基-OHのように、炭化水素の骨格にくっついて独特の性質を与えるグループのことを**官能基**といいます。「官能」というと「官能小説」のように性的な意味で使われることが多いですが、化学では「機能」という意味で使っています。英語では官能基のことをfunctional groupといいます。functionとは機能という意味なのに、functional groupを日本語に訳すときになぜか官能基という変な名前をつけてしまいました。

酸素原子を含む官能基を**表 22-1**にまとめました。R-はCH_3-、CH_3CH_2-などの炭化水素基を表します。官能基が有機化合物の特徴を決定づけるので、官能基に注目して炭化水素の骨格部分をあまり重視しないときには、炭化水素をRで省略して表すのです。

では、なぜエタノール以外のアルコールは人体に有害なのか、メタノール、エタノール、2-プロパノール、2-メチル-2-プロパノールという4種類のアルコールを例にして考えてみます。

体内に入ったアルコールは、酸化というプロセスを経て分解されていき、最終的に体外に排出されます。メタノール、エタノール、2-プロパノール、2-メチル-2-プロパノールが体内に入ると、はじめはヒドロキシ基の水素原子と、ヒドロキシ基のついた炭素原子に結合している水素原子の2つの水素原子が取れるという形式の酸化反応が進みます（**図 22-2**）。

表22-1　酸素原子を含んだ官能基

官能基の種類	グループ名	含まれる有機化合物の例
ヒドロキシ基 R−O−H	アルコール	C_2H_5OH　エタノール
エーテル結合 R−O−R′	エーテル	$C_2H_5OC_2H_5$　ジエチルエーテル
アルデヒド基 R−C(=O)−H	アルデヒド	CH_3CHO　アセトアルデヒド
ケトン基 R−C(=O)−R′	ケトン	CH_3COCH_3　アセトン
カルボキシ基 R−C(=O)−O−H	カルボン酸	CH_3COOH　酢酸
エステル結合 R−C(=O)−O−R′	エステル	$CH_3COOC_2H_5$　酢酸エチル

このとき、2-メチル-2-プロパノールは、ヒドロキシ基のついた炭素原子に水素原子が1つも結合していないため、酸化されません。このように、ヒドロキシ基のついた炭素原子に炭素原子が3つ結合しているアルコールを**第三級アルコール**といいます。

一方、酸化されたアルコールには何か共通点があるのでしょうか。できた化合物はホルムアルデヒド（水に溶かしたものはホルマリンといい、生物標本を保存する薬品に使われます）、アセトアルデヒド（シックハウス症候群の原因物質です）、アセトン（マニキュアの除光液や接着剤の溶剤などに使われています）です。

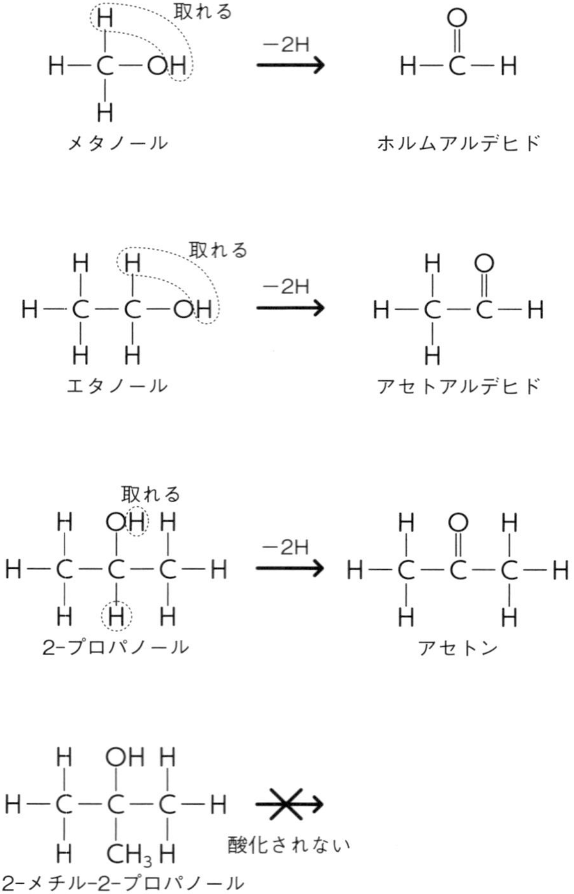

図22-2　４種類のアルコールの酸化反応

表 22-1 を見ると、ホルムアルデヒドとアセトアルデヒドはアルデヒドというグループに含まれ、アセトンはケトンというグループに含まれることがわかります。この違いは、ヒドロキシ基のついた炭素原子に炭素原子が２つ結合しているか、すべて水素原子もしくは炭素原子が１つだけ結合しているかということに基づきます。前者のアルコールを**第二級アルコール**、後者のアルコールを**第一級アルコール**といいます。

アルデヒドもケトンも人体には有害ですが、アセトアルデヒドのみ、もう一段階酸化されたときに酢酸という人体に無害な物質に変化するので、人間はエタノールを摂取できるのです。

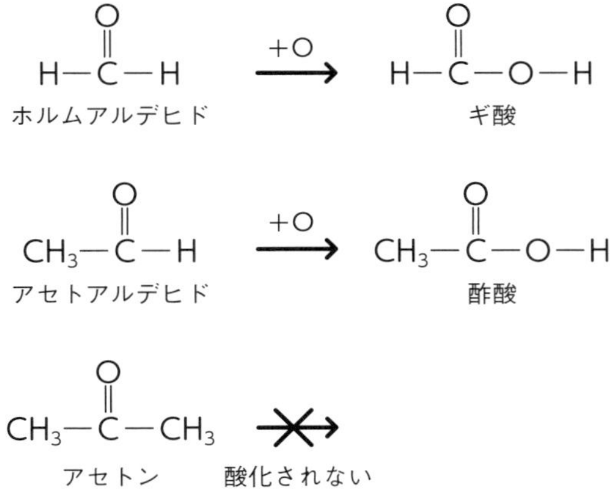

図22-3　アルデヒドとケトンの酸化反応

ここまでをまとめます。すべてのアルコールは、ヒドロキシ基のついている炭素原子にいくつ炭素原子が結合しているかによって、第一級、第二級、第三級のどれかに分けることができます（**表 22-2**）。このアルコールの級数によって、酸化したときにできるものが**図 22-4** のように異なっています。

表22-2　アルコールの級数による分類

分類	第一級アルコール	第二級アルコール	第三級アルコール
構造	Ⓡ−C(H)(H)−OH	Ⓡ′−C(Ⓡ)(H)−OH	Ⓡ′−C(Ⓡ)(Ⓡ″)−OH
例	$CH_3-CH_2-CH_2-CH_2-OH$ $CH_3-CH(CH_3)-CH_2-OH$	$CH_3-CH_2-CH(OH)-CH_3$	$CH_3-C(CH_3)(CH_3)-OH$
名称	1-ブタノール 2-メチル-1-プロパノール	2-ブタノール	2-メチル-2-プロパノール

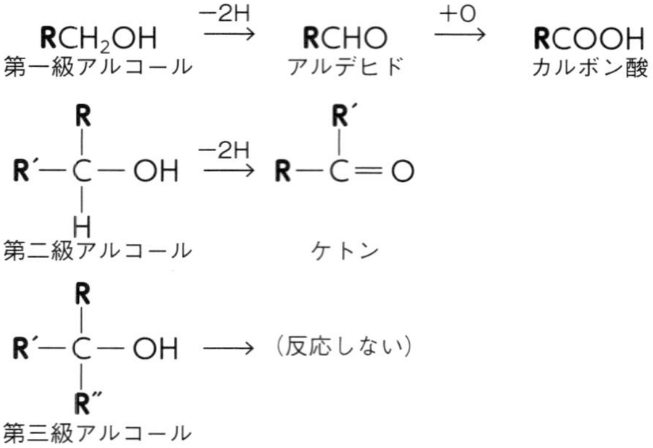

図22-4　アルコールの酸化され方の級数による違い

麻酔薬として重要な役割を果たすエーテル

さて、ここからは**表22-1**に出てきた官能基のうち、エーテルとエステルという2つのグループを見ていきます。

エーテルは、エーテル結合R-O-R′を持つグループで、名前のつけ方は、RとR′の部分の名前を先につけて最後にエーテルをつけます。 たとえば、RとR′が両方メチル基（CH_3-O-CH_3）ならジメチルエーテル（「ジ」は2つあることを表します）、Rがエチル基でR′がメチル基（CH_3-CH_2-O-CH_3）ならエチルメチルエーテルです。これをメチルエチルエーテルといわないのは、アルファベット順でエチル（ethyl-）のほうがメチル（methyl-）より先に来るからです。

エーテルは水に溶けにくく、沸点が低い（ジエチルエーテルは35℃）というのが特徴です。エーテルは麻酔作用があり、現在でも発展途上国では麻酔薬としてジエチルエーテルが使われています。しかし、エーテルは沸点が低く、引火性があるという欠点のために、日本では一切使われていません。

果物の香りはエステルのおかげ

かき氷にかけるイチゴシロップは無果汁ですが、きちんとイチゴの香りがします。これは香料のおかげです。人間の味覚は嗅覚に頼る部分が多いので、イチゴの香りがするとイチゴ果汁が入っていなくても「イチゴ」と認識してしまうのです。

果物の香りは**エステル**という有機化合物が重要な役割を

果たしています。エステルは、アルコールと**カルボン酸**からできる物質で、アルコールとカルボン酸の混合物に濃硫酸を入れて加熱すると、脱水反応がおきてエステルが生成します。これを**縮合反応**といいます。

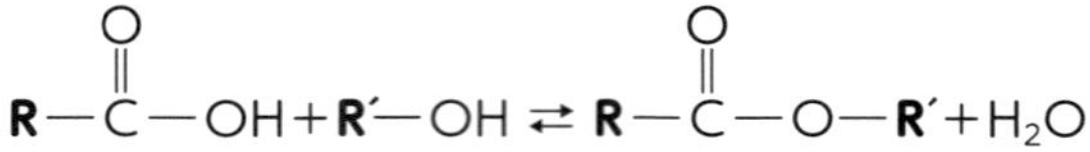

表 22-2 のアルコールは独特のにおいを持ち、カルボン酸は酢酸に代表されるようにとても嫌なにおいがしますが、**エステル結合**をもつ有機化合物はいい香りがするのです。

カルボン酸とアルコールの種類を変えると、香りの種類も異なるので、いろいろな果物の香りを作り出すことができます。たとえばエタノール CH_3CH_2OH は共通でも、酢酸 CH_3COOH を反応させてできる酢酸エチルはパイナップルの香り、ギ酸 HCOOH を反応させてできるギ酸エチルは桃の香り、ヘプタン酸 $CH_3CH_2CH_2CH_2CH_2CH_2COOH$ を反応させてできるヘプタン酸エチルはイチゴの香りがします。

お酒が飲める体質、飲めない体質

エタノールが体内に入ってからアセトアルデヒドになり、酢酸になるという話をしましたが、これをもう少し詳しく見ていきましょう。エタノールが酢酸に代謝されるまでには、**アルコール脱水素酵素**（ADH）と**アルデヒド脱水素酵素**（ALDH）の２つの酵素が関わっています。

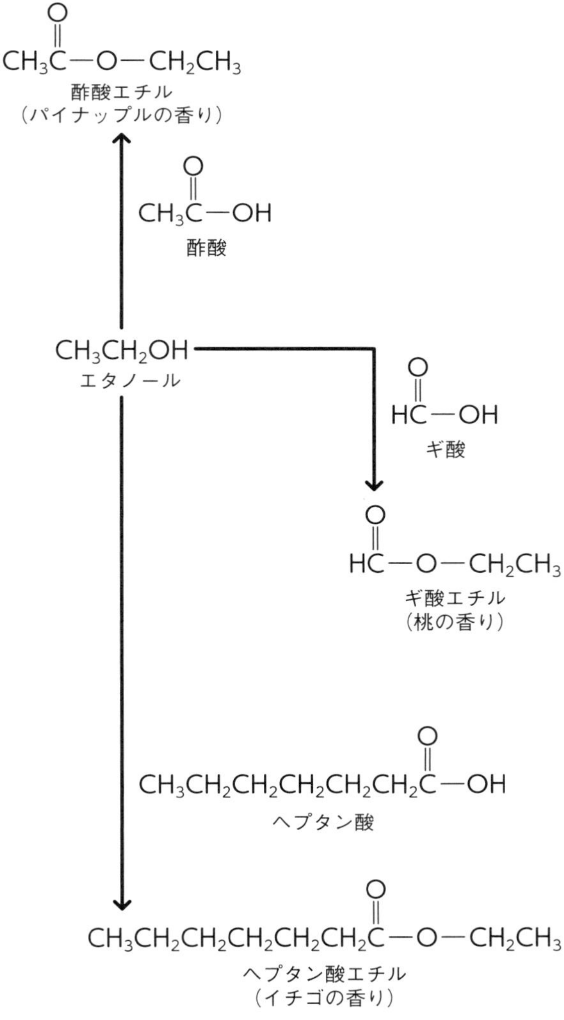

図22-5　いろいろな香りのするエステル

$$CH_3CH_2OH \xrightarrow[\text{(アルコール脱水素酵素)}]{\text{ADH}} CH_3CHO \xrightarrow[\text{(アルデヒド脱水素酵素)}]{\text{ALDH}} CH_3COOH$$

体内にエタノールが入ると、肝臓でアルコール脱水素酵素のはたらきによりアセトアルデヒドに酸化されます。エタノールは「いい気分」をもたらす作用があるのですが、アセトアルデヒドがある程度たまってくると、肌の火照りや吐き気などの不快な反応をおこします。そして最終的には、すべてが酢酸に変わってしらふに戻ります。

ところが私たちの中には、いい気分どころか最初から不快な気分になるだけで吐き気にみまわれる人がいます。これはADHとALDHのはたらき方に個人差があることが原因です。

エタノールが取り込まれ、「いい気分」が始まると、ADHが最初の代謝を行い、エタノールを有毒なアセトアルデヒドに変換し不快な気分を引き起こします。次の代謝で、ALDHがアセトアルデヒドを分解します。つまり、ADHはスムーズにはたらくけれども、ALDHはうまくはたらかない人は、アセトアルデヒドが体内で高濃度にたまってしまい、すぐ不快な気分になってしまうのです。これに対して、ADHがゆっくりはたらき、ALDHがスムーズにはたらく人は「いい気分」が長く続くので、飲酒が癖になり、アルコール依存症になりやすいといわれています。

23 ベンゼン環の仕組みを知る
芳香族化合物

ベンゼンという炭素原子６個、水素原子６個からなる環状の炭化水素があります。炭化水素にはメタン、エタン、エチレン……といろいろな化合物がありますが、ベンゼンだけは特別扱いをします。特別扱いとは、有機化合物の構造式の中にベンゼン環を含むものは、芳香族化合物という特別なグループ名をつけて独立させて扱うということです。炭化水素の中でもベンゼンだけを特別扱いする秘密をひもといていきましょう。

ポイント

❶ベンゼンは安定しているので環の構造を壊すのは難しいですが、環についている水素原子Ｈをいろいろなものに変えていくことは容易にできます。

❷芳香族化合物のうち、フェノールとアニリンは重要な基礎化学製品です。

ベンゼンとその特徴

この項では、芳香族化合物というベンゼン環を含んだ有機化合物を扱います。ベンゼンは特殊な性質を持つため、有機化合物の中でもベンゼン環を含むものは別枠にして扱います。ベンゼンは冒頭でも触れたとおり、炭素原子6個と水素原子6個からなる炭化水素です。このとき、炭素原子6個は六角形の環状につながっているのですが、この構造を**ベンゼン環**と呼びます。

ベンゼン環は、**図23-1**の（A）の構造式で表されますが、簡略化した（B）や（C）の構造式もよく使われます。六角形の形から「亀の甲」と呼ばれたりもします。

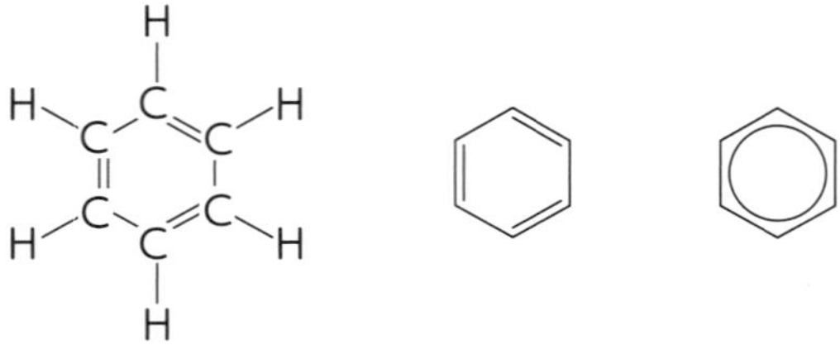

(A)　(B)　(C)

図23-1　ベンゼン

ベンゼンの特殊な性質とは、炭素原子間に二重結合C=Cを持つにもかかわらず、1本の結合が開いて反応をするという付加反応（第21項参照）をおこしにくいということです。ベンゼンは高温、高圧や、エネルギーの大きい光を当てるなど、極めて過酷な条件でないと付加反応をおこしません。この矛盾は、ベンゼンの炭素原子間の結合を、

「二重結合3つ+単結合3つ」と考えるのではなく、「1.5重結合が6つ」と考えることで解決できます。

つまり、二重結合が特定の位置に存在するのではなく、C原子全体で二重結合を負担して安定化しているといえるのです。**図23-1**の(C)の構造式は、ベンゼン環が安定化している状態をうまく表した構造式といえます。この二重結合を炭素原子全体で負担する性質のことを**芳香族性**といい、ベンゼン環を構造式中に含む有機化合物は芳香族性を持つので**芳香族化合物**といいます。

芳香族性により付加反応はおこしにくいベンゼンですが、ベンゼン環に結合している水素原子が別の原子に置き換わっていく置換反応は、容易におこすことができます。このときのポイントは、ベンゼン環の水素原子が水素イオンとなって抜けることができるように、置換したいものの陽イオンをベンゼン環に近づけてあげることです。

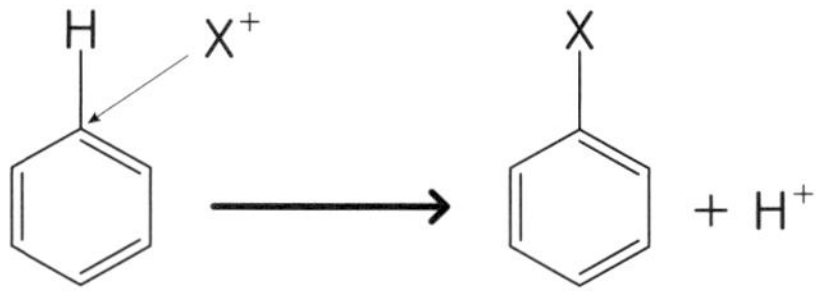

図23-2 ベンゼンへの置換反応の例(H原子がXと置き換わっている)

この置換反応を用いれば、ベンゼン環に結合している官能基を化学反応で次々変えていくことができるので、有用な芳香族化合物を作り出すことができます。代表的なのが、フェノールとアニリンです。

フェノールは、コンピュータの回路の基板にフェノール樹脂として使われたり、湿布薬、解熱鎮痛剤の飲み薬などさまざまな医薬品の原料になったりします。CD や DVD はポリカーボネートという透明なプラスチックからできていますが、この原料もフェノールです。

アニリンは無色の液体ですが、酸化すると色が濃くなり紫色になります。1856 年にイギリスの化学者ウィリアム・パーキンがこのアニリンの反応を発見して、紫色の合成染料として売り出して成功を収めました。紫色は高貴と名声を象徴する色でしたが、当時の紫色の染料は天然の巻貝が原料だったため、大量に得るのが困難でした。アニリンは石炭から有用なガスを取り出した後の不要なコールタールから得られるために、不要物から貴重な紫色の合成染料ができたということは素晴らしい発見だったのです。現在でもアニリンは、合成染料の原料として重要な位置を占めています。

このようにフェノールとアニリンは重要な化合物ですが、**図 23-3** でフェノールとアニリンができるまでの途中にある芳香族化合物は、じつはあまり使い道はありません。しかし、フェノールとアニリンは、ベンゼン環から直接 1 段階での合成はできません。これは**図 23-2** で説明した置換反応のメカニズムが関係しています。

図 23-2 では、ベンゼンと置換反応をおこすには陽イオンを近づける必要があることを説明しました。ベンゼンから 1 段階の反応でフェノールを合成するには OH^+ が必要ですし、アニリンを合成するには NH_2^+ が必要ですが、こ

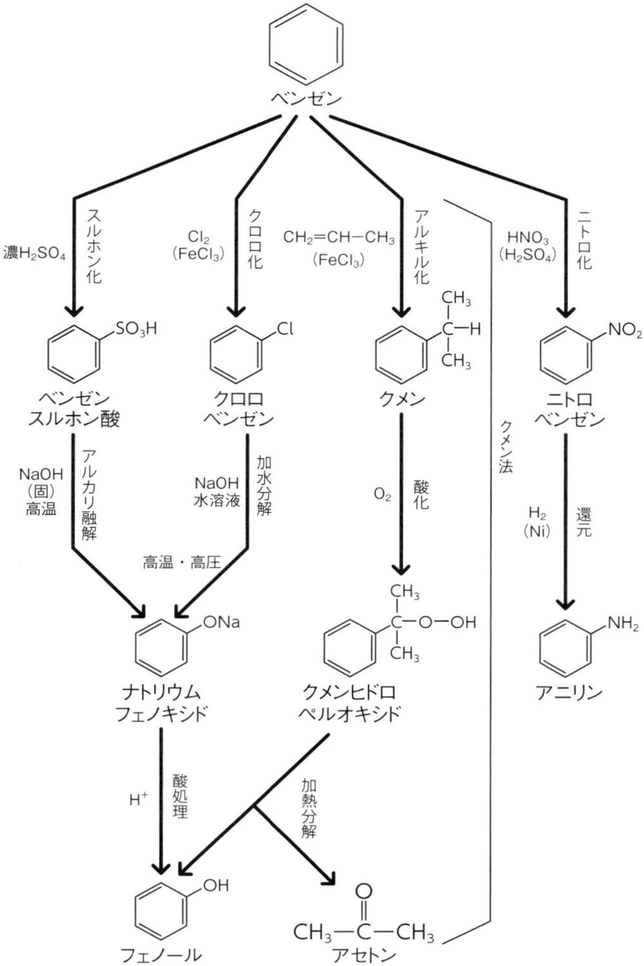

図23-3　ベンゼンからフェノールとアニリンができるまで
矢印の右側が反応の名称、左側が反応させるもの、カッコ内は触媒

の OH^+ や NH_2^+ を作り出すのが難しいので、わざわざ複数段階の反応をさせているのです。このプロセスをもう少し詳しく見ていきましょう。

フェノールの合成法

フェノールを得るためにまず考え出されたのは、アルカリ融解というベンゼンスルホン酸を経由する方法でした。この方法は、ベンゼン環についているH原子をあらかじめ陰イオンとして抜けやすい $-SO_3H$ にしておくことがポイントです。まず濃硫酸とベンゼンを混ぜると、濃硫酸同士が相互作用をして H_2SO_4 が別の H_2SO_4 から OH^- を取り除くため、HSO_3^+ が生成し、これが置換反応をおこしてベンゼンスルホン酸ができます（スルホン化）。

できたベンゼンスルホン酸を固体の水酸化ナトリウム NaOH と混ぜて高温にすると、$-SO_3H$ は陰イオン SO_3^{2-} として抜けやすくなり、OH^- と SO_3^{2-} の置換反応がおきてナトリウムフェノキシドが生成します（アルカリ融解）。この置換反応をおこすには、ベンゼンスルホン酸のまわりにたくさん OH^- がある状態にしなくてはいけません。そのため固体の水酸化ナトリウムを使い、高温にしてどろどろの液体に融かした状態で反応させるので、アルカリ融解という名前がついているのです。その後、酸で処理すると、ナトリウムフェノキシドのナトリウムイオンが水素イオンと置き換わってフェノールが得られます。

アルカリ融解は1890年にドイツで開発されましたが、加熱に費用と時間がかかるうえ、有害な亜硫酸ナトリウムが大量にできてしまうため、問題の多い方法でした。

そこで、クロロベンゼンを加水分解してフェノールにする方法が考え出されました。まずベンゼン環のH原子とCl原子との置換反応をおこします。この方法もベンゼン環についているH原子を、あらかじめ陰イオンとして抜けやすいCl原子にしておくことがポイントです。

ベンゼン環のH原子と置換反応をおこすには、ベンゼン環に陽イオンを近づければいいので、Cl^+を作り出せばよいのですが、Cl^+を作るには塩化鉄（Ⅲ）$FeCl_3$を触媒として使うことが必要です。塩化鉄（Ⅲ）に塩素分子を作用させると、$FeCl_3$がCl_2を引きつけて、Cl^-とCl^+に分極します。このときできたCl^+が置換反応をおこすのです(クロロ化)。

こうしてできたクロロベンゼンを、こんどは300℃、200気圧という過酷な条件で水酸化ナトリウム水溶液と反応させると、OH^-とCl^-の置換反応がおきて、ナトリウムフェノキシドが生成します（クロロベンゼンの加水分解)。反応しにくいOH^-を高温高圧にすることで、無理やりCl原子と置換反応をおこさせるイメージです。

この加水分解でできたナトリウムフェノキシドを酸で処理すると、ナトリウムフェノキシドのナトリウムイオンが水素イオンと置き換わってフェノールが生成します。

しかしこの方法も高温高圧が必要なので、大がかりな装置と大量のエネルギーを必要とします。そこで、より温和な条件でフェノールが製造できる方法として、太平洋戦争中の日本でクメン法が開発されました。

クメンは、塩化鉄（Ⅲ）触媒を使ってベンゼンにプロペンを反応させると簡単にできます（アルキル化）。このクメンに直接空気を吹き込むだけでクメンヒドロペルオキシドができ（酸化）、さらに少し加熱するだけで（加熱分解）、フェノールとアセトンができるのです（アルキル化＋酸化＋加熱分解の一連のプロセスをクメン法といいます）。このクメン法は、高温や高圧が必要ない省エネルギーの方法なので、現在の日本ではフェノールはすべてこのクメン法で製造されています。

アニリン

アニリンは、まずニトロベンゼンを作ってから、できたニトロベンゼンを還元することで製造されています。

ベンゼン環の水素原子がニトロ基$-NO_2$と置換されたニトロベンゼンを合成するには、NO_2^+を作り出せればよいことになります。これには硝酸HNO_3からOH^-をとればよいので、強い酸である硫酸H_2SO_4を硝酸HNO_3と混ぜてベンゼンと反応させます。すると、硫酸が硝酸からOH^-を引き抜くため、残ったNO_2^+の作用によってニトロベンゼンが生成します（**図 23-3** のニトロ化）。それから、ニトロベンゼンを還元することによってアニリンを合成します（**図 23-3** の還元）。

安息香酸

最後に構造の単純な芳香族化合物のうち、添加物として摂取が認められているものとして、ベンゼン環にカルボキシ基-COOHが結合した構造の安息香酸を紹介します（**図23-4**）。安息香酸は抗菌作用があるため、厚生労働省の添加物使用基準リストでは、キャビア、マーガリン、清涼飲料水、シロップ、しょう油などに使用が許可されています。

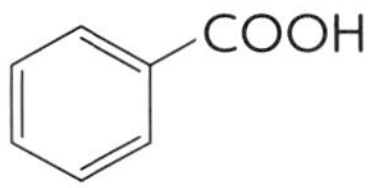

図23-4　安息香酸

サリチル酸メチルとアセチルサリチル酸

フェノールが医薬品の原料として大切な基礎化学製品であるという話をしました。医薬品というと、複雑な化学構造を持つものというイメージがあるかもしれませんが、フェノールを原料として2段階の化学反応で合成できる医薬品が2種類あります。ひとつは湿布薬として使われるサリチル酸メチル（サロメチール、サロンシップという商品名はここからきています）、もうひとつは解熱鎮痛剤の飲み薬のアセチルサリチル酸（アスピリンという商品名で販売されています）です。

サリチル酸は、ベンゼン環にヒドロキシ基-OHとカルボキシ基-COOHが隣りあった位置に結合した化合物で、フェノールを水酸化ナトリウムで中和したナトリウムフェノキシドの結晶に、高温・高圧の状態で二酸化炭素を反応させてから酸を作用させると作ることができます。

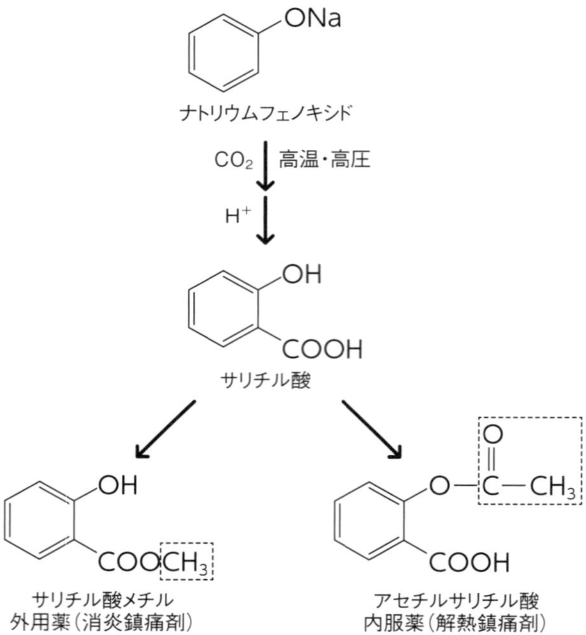

図23-5 サリチル酸メチルとアセチルサリチル酸ができるまで

サリチル酸は分子中に-OH 基と-COOH 基があるので、-COOH 基が反応するとサリチル酸メチルになり、-OH 基が反応するとアセチルサリチル酸になるのです。反応した官能基によって、外用薬か内服薬か用途が異なってくるなんて不思議ですね。

ベンゼン環をつなげていくと……

衣類の防虫剤として使用されるナフタレンは、ベンゼン環が２つつながった構造をしていて、ベンゼンと同じように芳香族性を持ち、安定です。さらにナフタレンにベンゼン環を継ぎ足していくと、アントラセン、ナフタセンと新しい化合物ができていきますが、分子が長くなるにつれて徐々に不安定になっていきます。

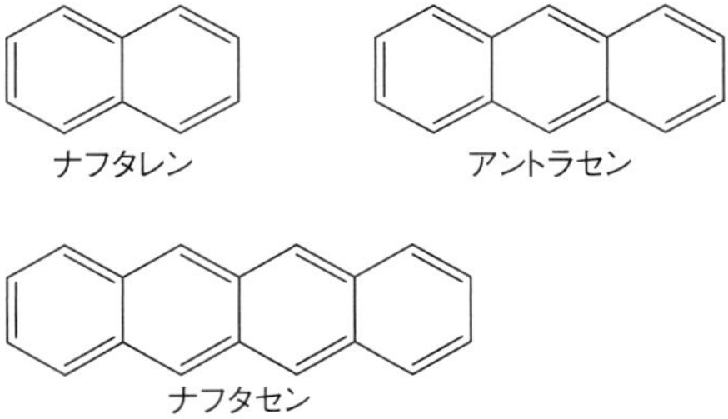

図23-6　ナフタレン、アントラセン、ナフタセン

これらの構造式を見てみると、３つの二重結合をもつ六員環（6つの原子が環状に結合したもの）は一番左のベンゼン環だけで、残りの環には二重結合が２つだけしかありません。ベンゼン環が芳香族性により安定なのは、６つの炭素原子間の結合が単結合３個、二重結合３個からなるものなので、二重結合が２つだけしかないベンゼン環が増えるほど、徐々に芳香族性が低下し、不安定になっていきます。

直線ではなくジグザグにベンゼン環を継ぎ足していった場合は、どの環にも３つの二重結合を持たせることができるので、ベンゼン環の数が増えても比較的安定です。

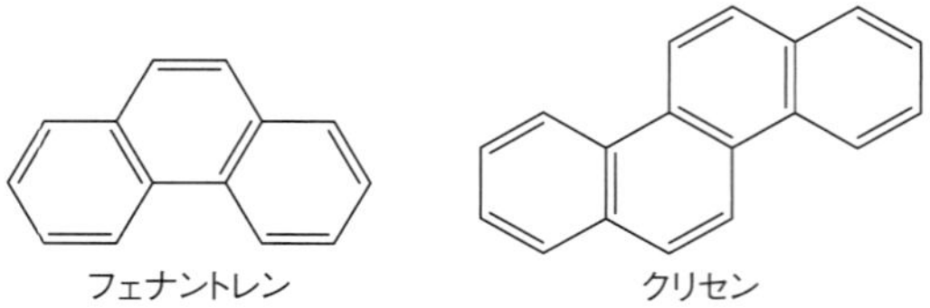

図 23-7　フェナントレン、クリセン

しかし、「安定である＝安全である」とはいえません。5つのベンゼン環が集まったベンゾピレンは強烈な発ガン物質として知られています。

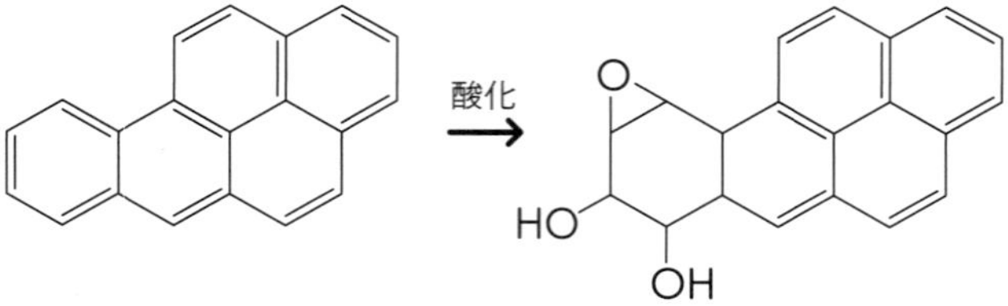

図 23-8　ベンゾピレン

人間の体は、炭化水素のように水に溶けにくい物が侵入してくると、酸化作用によって酸素をくっつけて、水に溶けやすくして体外に排出しようとします。ベンゾピレンも図の右のように酸化されるのですが、この生成物が近くの細胞のDNAと反応して傷つけてしまうのです。DNAを破壊された細胞は、正常な再生機能が失われ、ガン細胞に変化するものも出てきてしまうのです。

Part 5

高分子化学

原子がたくさんつながってできた不思議な物質

高分子化合物とは、分子量が 10000 以上の有機化合物のことを指します。炭素と水素だけからなるいちばん単純な有機化合物でも、分子量が 10000 を超えるには、炭素原子が 715 個以上つながっていないといけません。つまり高分子化合物とは、原子がとてつもなくたくさんつながったものなのです。人類が石油からプラスチック、合成繊維などの高分子化合物を自由に作り出せるようになったのはここ数十年のことですが、天然にはタンパク質や炭水化物など、生物が地球に誕生したときから存在する高分子化合物も存在します。

24 デンプンは糖からできている
糖類、天然ゴム

青みの残ったバナナをしばらく置いておくと黄色くなり、甘みが増します。誰かが砂糖をかけたわけでもないのに、この甘味はどこから来るのでしょう？　じつは果肉に含まれているデンプンは、グルコースという砂糖の分子がつながったものです。しばらく置くことでこのつながりが切れ、デンプンが砂糖に分解されたのです。

ポイント

❶高分子化合物とは、原子が多数つながった分子量10000 以上のものを指します。

❷デンプンは、グルコースという砂糖の分子がつながってできている高分子化合物です。グルコースのつながり方がデンプンと異なると、セルロースになります。

❸ゴムが伸びるのも、高分子化合物であることが理由です。

身の回りにあふれる高分子化合物

高分子化合物とは、分子量が10000以上の化合物を指します。メタンCH_4の分子量は16です。100円ライターに入っている燃料のブタン$CH_3CH_2CH_2CH_3$の分子量は58です。$CH_3CH_2CH_2CH_2\cdots\cdots CH_3$といういちばん単純な有機化合物で考えると、分子量10000を超えて高分子化合物と呼ばれるようになるには、$-CH_2-$という繰り返し単位が715回必要です。つまり、とてつもなく大きい数の原子がつながってはじめて、高分子化合物というのです。

高分子化合物は、タンパク質やデンプンなどの天然に存在する天然高分子化合物と、ポリエチレンやナイロンなどの人工的に作り出された合成高分子化合物の2つに分けられます。また、合成されるときの反応の違いによって、付加重合と呼ばれる反応によってできているものと、縮合重合と呼ばれる反応によってできているものの2種類に分けられます。この2×2通りの分類で高分子化合物をグループ分けしたのが**表24-1**です。

表24-1　高分子化合物のグループ分け

	天然高分子化合物	合成高分子化合物
付加重合	天然ゴム	ポリエチレン、ポリ塩化ビニル、合成ゴム
縮合重合	多糖類、タンパク質、セルロース、DNA	ポリエチレンテレフタレート、ナイロン

さて、どれくらい高分子化合物が身近にあるか、コンビニエンスストアで売っているカレーライスのお弁当で考え

てみましょう。

まず、容器にかかっているフィルムはポリエチレン、容器と使い捨てスプーンはポリプロピレン、どちらも人工の高分子化合物です。ご飯はデンプン、肉はタンパク質、野菜には食物繊維が含まれ、これらは天然高分子化合物です。

この項では、ご飯と野菜に当たる多糖類を取り上げ、次の第25項では肉に当たるアミノ酸とタンパク質について紹介します。最後に第26項では、容器とフィルムに当たる合成高分子化合物について紹介します。

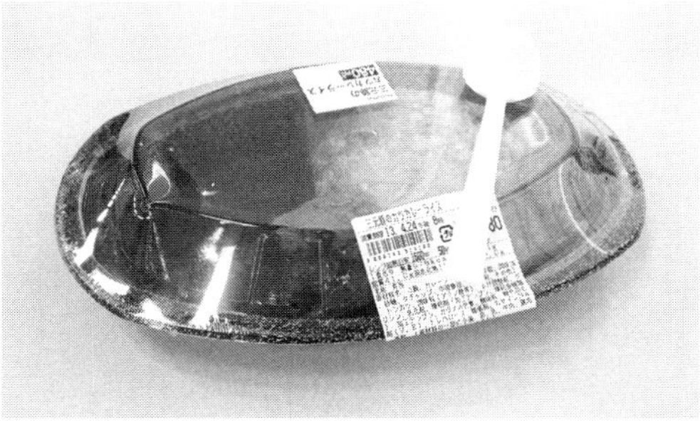

高分子化合物の2通りのでき方

高分子化合物の原料となる低分子化合物を**モノマー**(**単量体**)、できあがった高分子化合物を**ポリマー**(**重合体**)といいます。「重合」とは、「化学反応が繰り返しおこる」という意味です。高分子化合物は、モノマーが重合してできる有機化合物なのです。

重合の形式には2種類あり、ひとつは二重結合をもつ化合物が付加反応を繰り返しおこす**付加重合**。もうひとつは、2つの官能基が反応して小さな分子が取れる縮合反応（例：-COOHと-OHが反応して水分子がとれて、エステル結合ができる反応）を繰り返しおこす**縮合重合**です。

付加重合にはいろいろなタイプがありますが、**ラジカル**という状態の原子もしくは原子団を使って重合させるタイプを紹介します。ラジカルとは、共有結合がきれいに割れて、共有電子対がお互いの原子に1つずつ分かれた状態のことをいいます。このとき、お互いの原子もしくは原子団がもつ、対になっていない電子のことを**不対電子**といい、不対電子をもつ原子もしくは原子団は、早く共有結合を作って安定になろうとする性質があります。これを次のような式で表します。

Y-Y　→　Y・　＋　・Y

Y-Yは「Y」という原子もしくは原子団が共有結合をしている状態、「Y・」と「・Y」は共有結合が切れて不対電子をもっている、つまりラジカルの状態を表します。付加重合は、Y・が、二重結合をもつモノマーの炭素原子にくっついて始まります（**図24-1** ①）。一度反応が始まると、連鎖的に反応が進みます（**図24-1** ②〜④）。

連鎖反応はモノマーがなくなると止まり、できた高分子化合物は**図24-1** ⑤のように表記します。nはモノマーが結合している個数を表します。Xにはさまざまな官能基が考えられますが、Xの種類によって、またnの個数によって、できる高分子化合物の性質が変わります。

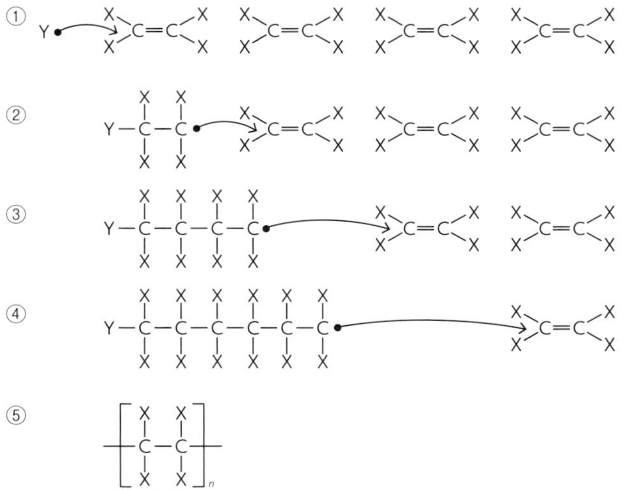

図 24-1　付加重合（Xにはさまざまな官能基が入る）

一方、縮合重合とは、縮合反応が繰り返しおこる反応です。縮合反応とは、たとえばアルコールのヒドロキシ基（-OH）とカルボン酸のカルボキシ基（-COOH）が反応して、**エステル結合**（R-COO-R′）ができる反応です。

縮合反応は、付加反応と違い、反応の際に小さな分子が取れるのが特徴でした（第22項「果物の香りはエステルのおかげ」参照）。もしヒドロキシ基とカルボキシ基をそれぞれ2つずつもつ分子があれば、縮合反応を繰り返すことにより高分子化合物ができます（**図 24-2** ①②）。この縮合重合でできた高分子化合物は**図 24-2** ③のように表します。

XとYの種類、n の個数、縮合重合をおこす官能基の種類によって、できる高分子の性質が変わります。**図24-2**では、-COOH と -OH の縮合反応ですが、-OH 同士でも縮合反応がおきますし、-NH₂ と -OH でも縮合反応はおきます。

①
$$HO-X-OH \quad HO-\underset{O}{\overset{O}{C}}-Y-\underset{}{\overset{O}{C}}-OH \quad HO-X-OH \quad HO-\underset{}{\overset{O}{C}}-Y-\underset{}{\overset{O}{C}}-OH$$

②
$$HO-X-O-\underset{\downarrow}{\overset{O}{C}}-Y-\underset{}{\overset{O}{C}}-O-X-O-\underset{\downarrow}{\overset{O}{C}}-Y-\underset{\downarrow}{\overset{O}{C}}-O\cdots\cdots$$
$$H_2O H_2O H_2O$$

③
$$\left[-X-O-\overset{O}{C}-Y-\overset{O}{C}-O- \right]_n$$

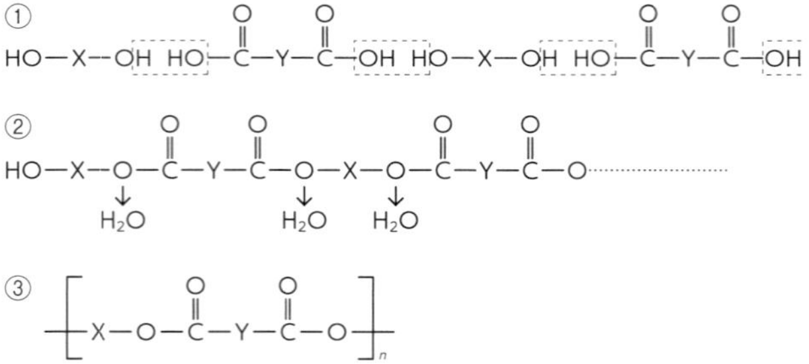

図24-2 縮合重合（XとYにはさまざまな構造が入る）

単糖類（グルコース、ガラクトース、フルクトース）

糖類は、**単糖類**と、単糖が2分子つながった**二糖類**、たくさんつながった**多糖類**に分類できます（**表24-2**）。単糖類と二糖類は高分子化合物ではありませんが、多糖類のもとになる糖なので、順番に見ていくことにしましょう。

まず単糖類の3つです。**グルコース**は別名ブドウ糖と呼ばれ、人間のエネルギー源のひとつです。疲れたときや体が弱ったときにはブドウ糖を補給するとよい、といわれたりしますね。健康診断で測る血糖値は、血液中のグルコース濃度のことです。

フルクトースは果糖とも呼ばれ、果実などの甘味成分ですが、天然に存在する糖としては最も甘いのが特徴です。**ガラクトース**は乳製品などに含まれるほか、体内でも作ら

表24-2　代表的な糖類

分類	名称	分子式	構成単糖
単糖類	グルコース(ブドウ糖) フルクトース(果糖) ガラクトース(脳糖)	$C_6H_{12}O_6$	
二糖類	スクロース(ショ糖) マルトース(麦芽糖) ラクトース(乳糖)	$C_{12}H_{22}O_{11}$	グルコース+フルクトース グルコース+グルコース グルコース+ガラクトース
多糖類	デンプン セルロース	$(C_6H_{10}O_5)_n$	α-グルコース β-グルコース

れ、体組織の材料になっています。乳児の成長段階、とりわけ脳の発達の際に必要とされるため、英語でbrain sugarとも呼ばれ、それが脳糖という和名の由来となっています。

表を見るとわかるように、グルコース、フルクトース、ガラクトースは、すべて同じ分子式 $C_6H_{12}O_6$ で表されますが、お互いに異性体で、**図24-3**の構造をしています。

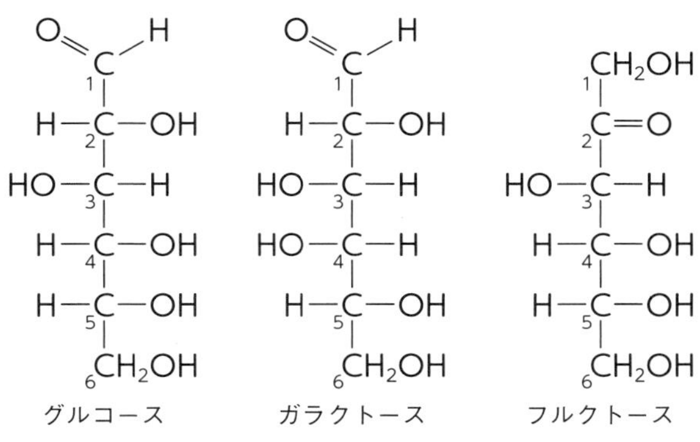

図24-3　3種類の単糖の構造式

構造式には炭素原子が6個あるので、どの炭素原子かわかるように、C=Oの構造に近いほうの末端の炭素原子を1位として、以下2、3……6位まで番号がついています。3種類の単糖の構造をよく見比べると、グルコースとフルクトース、ガラクトースとフルクトースの関係は構造異性体であるのに対して、グルコースとガラクトースの関係は、4位の炭素原子に結合したOHとHのつながり方が異なるだけです。このとき、グルコースとガラクトースの関係を**光学異性体**の関係といいます。

光学異性体は、炭素原子に4種類の異なる原子もしくは原子団が結合しているときに存在します。たとえば乳酸CH_3-CH(OH)-COOHは、中心の炭素原子にH、CH_3、OH、COOHとそれぞれ異なる原子もしくは原子団が結合しています。このような炭素原子を**不斉炭素原子**といい、不斉炭素原子をもつ化合物には、重ね合わせることのできない2種類の異性体が存在します。この2種類の異性体が光学異性体で、LとDを名前の頭につけて区別します。

図24-4　光学異性体の例
メチル基についている黒い三角形は、紙面の手前に出ている結合を表し、ヒドロキシ基についている点線は、紙面の奥に出ている結合を表します

光学異性体は化学的性質だけでなく、沸点、密度、溶解性などの物理的性質も変わりませんが、生物は光学異性体を厳密に区別しています。その証拠に、グルコースとガラクトースではグルコースのほうをより甘く感じます。また、タンパク質はすべてL体のアミノ酸がつながってできており、D体のアミノ酸は一切含まれません。

グルコースの結晶を水に溶かすと、**図24-5**のように3つの構造に可逆的に変化して、最終的には環状の α 型、鎖式構造、環状の β 型が一定の割合でまじりあった平衡状態となります。

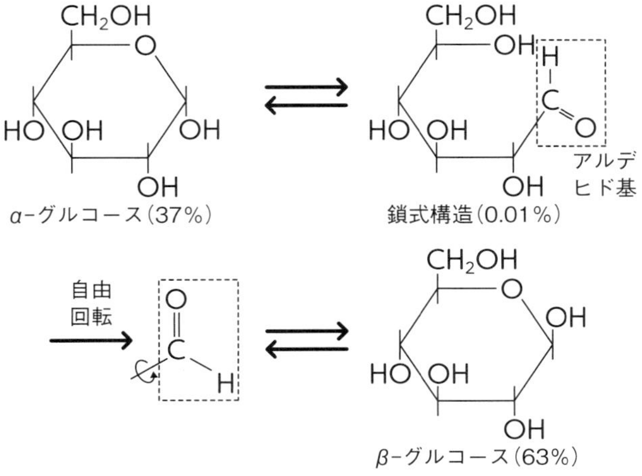

図24-5　水溶液中でのグルコースの構造変化

環状構造をもつ α-グルコースと α-ガラクトースの構造を比べると、違いは4位の炭素原子に結合している-OH

基が上か下かの違いだけです（**図 24-6**）。

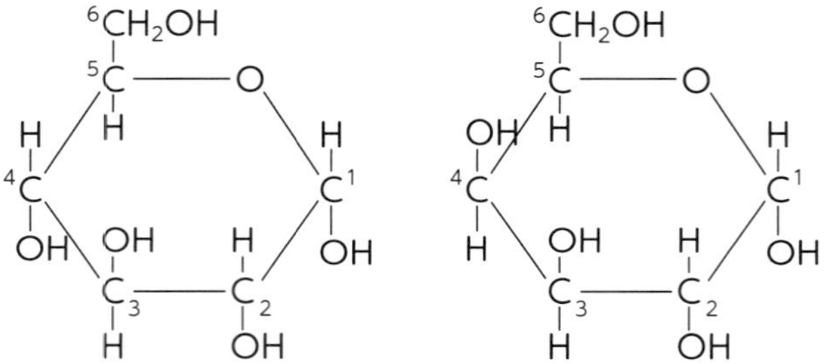

図24-6　α-グルコース（左）とα-ガラクトース（右）

しかし、3位から5位までの炭素原子についている -OH と -CH_2OH に注目すると、グルコースは上下交互になっていますが、ガラクトースはすべてが上向きについています。-H に比べて -OH と -CH_2OH は大きさが大きいので、同じ向きについていると立体的に混みあってお互いを邪魔してしまい、不安定になってしまいます。これを「ガラクトースはグルコースに比べて**立体障害**が大きい」という言い方をします。自然界ではグルコースのほうが幅広く存在していますが、それはガラクトースより立体障害が小さく、安定して存在できるからです。

フルクトースも、他の単糖類と同様水に溶け、複雑な平衡状態をとっています（**図 24-7**）。

40℃の水溶液中では β-フルクトフラノースが31％を占めていますが、じつはこの構造は、たくさんあるフルクトースの構造異性体の中で人間がいちばん甘みを感じる構造です。

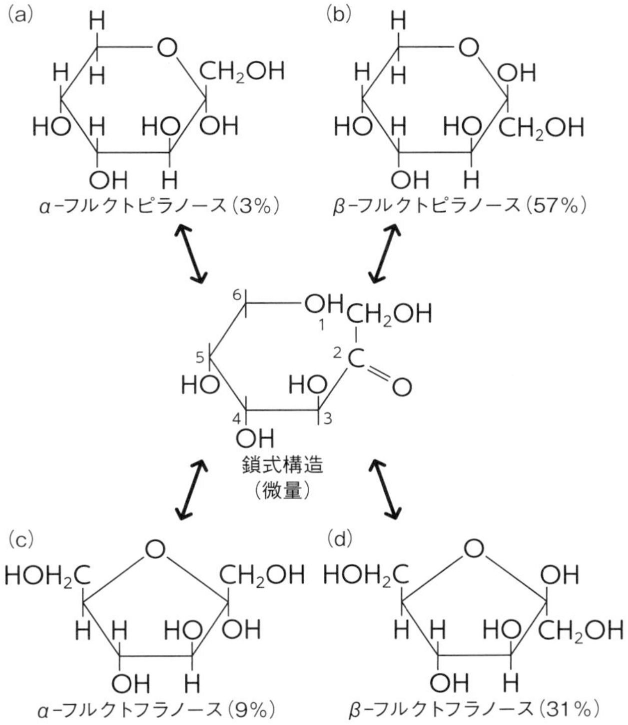

図24-7　フルクトースの水溶液中での平衡状態

水溶液の温度を下げていくと、この β-フルクトフラノースの構造の割合が増えていき、0℃付近では70%を占めるようになります。スイカやメロンを冷やしたほうが甘みを感じるのは、この甘みを感じる構造である β-フルクトフラノースの割合が増えるからなのです。

二糖類(スクロース、マルトース)

二糖類のうち、**スクロース**と**マルトース**の2つの構造を比較してみましょう（**図 24-8**）。

スクロースはショ糖とも呼ばれ、α-グルコースの1位の炭素原子とフルクトースの5位の炭素原子が酸素原子を介してつながったもので、サトウキビの茎や甜菜《てんさい》の根に多く含まれています。砂糖の主成分はスクロースです。

マルトースは、グルコースが2分子縮合重合したもので、水あめの主成分です。α-グルコースの1位の炭素原子ともう1つのグルコースの4位の炭素原子が、酸素原子を介してつながっているので、この結合をα-1,4グリコシド結合といいます。

スーパーで売られているグラニュー糖は、スクロース

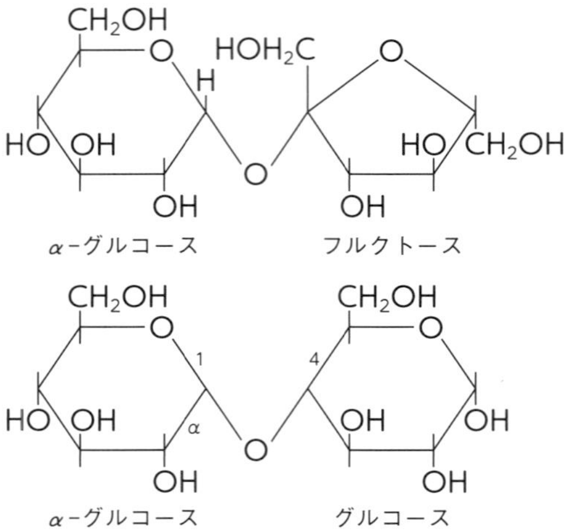

図24-8　スクロース(上)とマルトース(下)の構造式

100％です。上白糖は、スクロースの一部を酵素を使ってグルコースとフルクトースに加水分解し、さらにごく少量の水を添加しています。海外で砂糖というとグラニュー糖を指しますが、日本ではコクのある糖が好まれるので、上白糖のほうが広く使われています。氷砂糖はスクロースを結晶化させたもの、ザラメはスクロースを結晶化させるときにカラメルを混ぜ込んで、独特の風味を出したものです。

多糖類（デンプン、セルロース）

デンプンと**セルロース**は多糖類で、どちらもグルコースがつながってできています。デンプンは**図24-5**の α-グルコースがつながってできていて（このつながり方はマルトースと同じ α-1,4グリコシド結合です）、セルロースが**図24-5**の β-グルコースがつながってできています（このつながり方は β-1,4グリコシド結合といいます）。

人間をはじめとする哺乳類は、β-1,4グリコシド結合を分解できないので、セルロースを栄養として利用できません。そのためセルロースを食べても、消化せずに排泄してしまいます。では、セルロースは人間にとって無意味かというとそうではなく、消化管の壁を刺激して消化物がスムーズに腸内を運ばれるよう消化液の分泌を促進するので、腸内をきれいに保つ作用があります。そう、セルロースとはじつは食物繊維のことだったのです。

ただし哺乳類の中でもウシなどの草食動物は、胃の中にセルロースを分解できる細菌を飼っているため、栄養源と

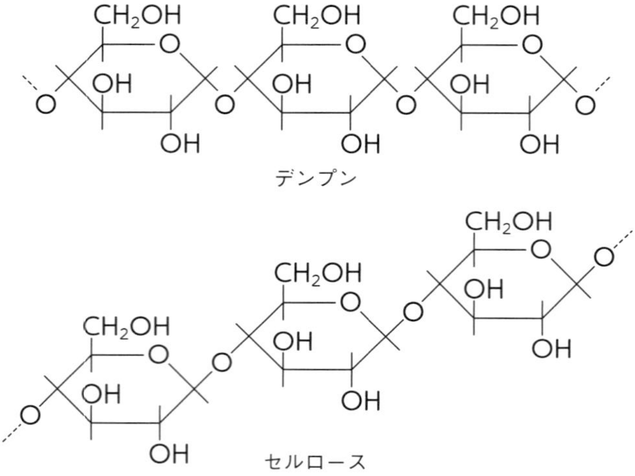

図24-9　デンプンとセルロース

して利用することができるようになっています。

一方、デンプンはご存知の通り炭水化物の代表選手で、小麦、米、トウモロコシ、ジャガイモなどに豊富に含まれています。人間には欠かせない栄養素のひとつです。

清涼飲料水の原材料名に、**ブドウ糖果糖液糖**と書かれていることが多くあります。これはトウモロコシに含まれるデンプンをグルコースに分解したのち、一部のグルコースをフルクトースに変えたものです。グルコースをわざわざフルクトースに変えるのは、フルクトースがさわやかな甘みをもち、冷やすと甘みが強くなるからです。

このブドウ糖果糖液糖（果糖のほうが多い場合は果糖ブドウ糖液糖といいます）は、砂糖よりも安く、液状のため扱いやすいので、清涼飲料水や冷菓に広く使われています。

さて、デンプンには2種類あって、アミロースとアミロペクチンに分類されます。

アミロースは α-1,4グリコシド結合のみでつながった直鎖状の構造で、熱水に溶け、ヨウ素デンプン反応で青紫色になるという特徴があります。みなさんは小学校のときに、ジャガイモにヨウ素溶液を垂らして紫色に変色するのを確かめる、という実験をしたかと思います。これが**ヨウ素デンプン反応**です。

アミロペクチンは、α-1,4グリコシド結合以外に、6位の炭素原子と1位の炭素原子が酸素原子を介してつながった α-1,6グリコシド結合により、枝分かれのある構造になっています。熱水に溶けず、ヨウ素デンプン反応で赤紫色になるという特徴があります。ふつうのお米（うるち米）に比べてもち米が粘り気が強いのは、ふつうのお米がアミロース25%、アミロペクチン75%の割合なのに対して、もち米は粘り気の強いアミロペクチン100%からできているからです。

ここまで二糖と多糖を紹介しましたが、その間の数の糖はないのでしょうか。じつはあります。デンプンを酵素で加水分解して、糖分子が5個前後つながっている状態にしたものがそれです。オリゴ糖と呼ばれています。オリゴ糖が体によいといわれているのは、ビフィズス菌などの腸内善玉菌を増やす効果があるからです。また、糖分子が縮合してつながっているので、消化されにくく、低カロリーの甘味料としても利用されています。

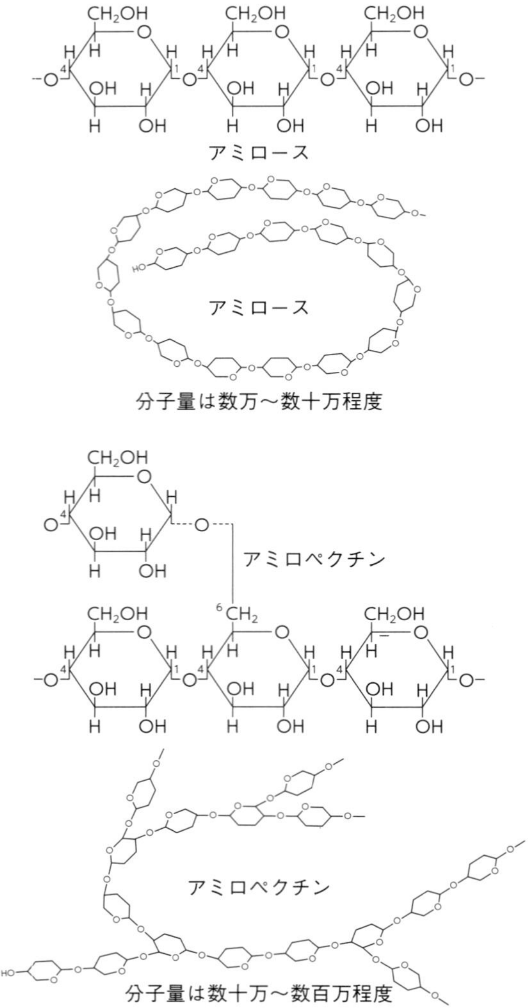

図24-10　アミロースとアミロペクチン

天然高分子ゴムはなぜ伸びるのか

糖分子が重合するときは水分子が取れる縮合重合ですが、ゴムの木から製造される天然のゴムは付加重合でできています。

ゴムはどのようにして作るのかというと、まず、ゴムの木の幹に傷をつけると出てくるラテックスと呼ばれる白い樹液を集めます。これに酸を入れて凝固させ、生じた沈殿を水洗したのち乾燥させると、板状の天然ゴムの固体が得られます。このままでは柔らかすぎるので、よく練ってから硫黄を加えることにより（これを**加硫**といいます）、適度な硬さにして使われます。

天然ゴムはどのような構造をもつ高分子化合物かというと、炭化水素の一種であるイソプレンのモノマーが付加重合した構造になっています。イソプレンは二重結合を2つもちますが、ゴムの木の内部では、イソプレンの両端にある二重結合が同時に反応し、両端に2つあった二重結合が中心に移動するという付加重合がおきます。

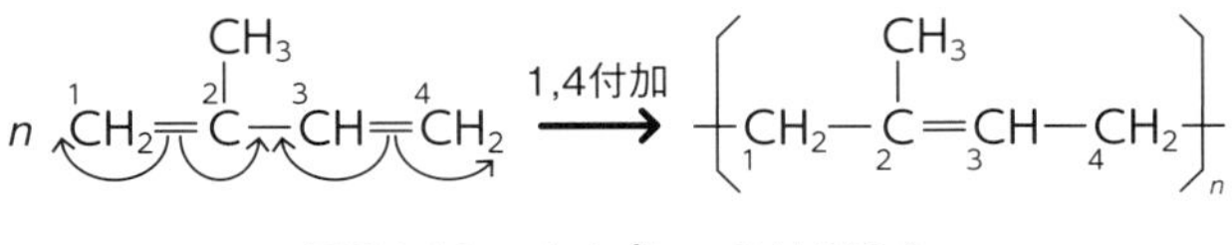

図24-11　イソプレンの付加重合

このときできた生成物であるポリイソプレンには、二重結合がポリマーの主鎖に含まれており、さらにシス形とトランス形が存在します。

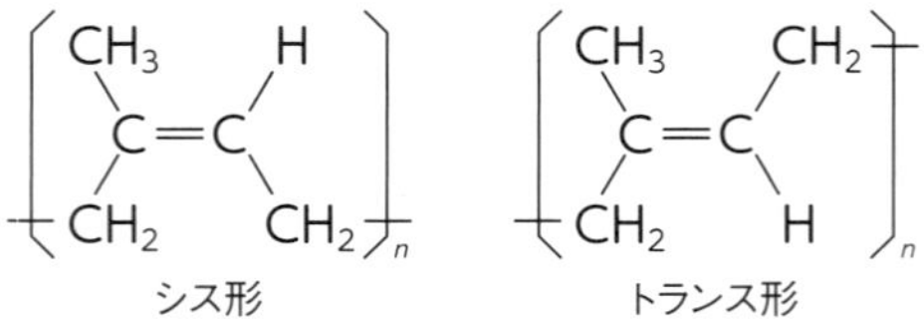

図24-12　ポリイソプレンのシス－トランス異性

天然ゴムは、ほとんどすべてがシス形のポリイソプレンでできています。シス形は、分子の鎖が折れ曲がった構造をしているので、不規則な形をとりやすく、すき間が多くなるのです。これがゴムが伸び縮みできる秘密です。

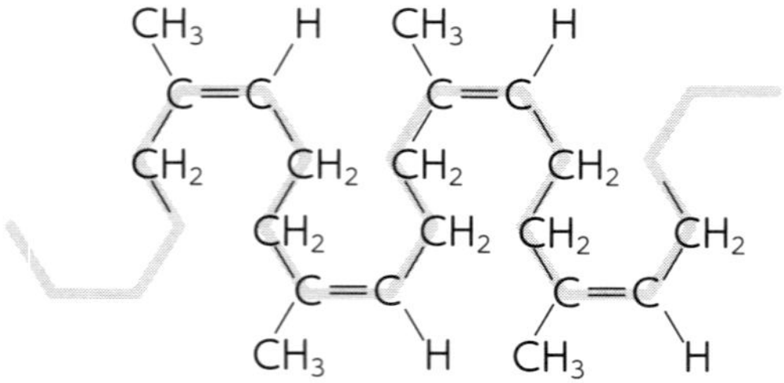

図24-13　cis-1,4-ポリイソプレン

グッタペルカという木から得られる樹液には、天然ゴムと同じくポリイソプレンが含まれますが、すべてトランス体のポリイソプレンです。トランス体はすき間がなく、分子鎖が接近できるので、固体にすると結晶が発達した硬い樹脂状の物質となり、ゴムのような弾性は得られません。

25 生命に不可欠な物質
アミノ酸、タンパク質

肉や魚、卵など、タンパク質を多く含む食品が体を作るもとになるといわれるのは、私たちの体の大部分がタンパク質でできているからです。しかし、タンパク質は体を作るだけではなく、体内でおきている化学反応を触媒として手助けする役割もあります。この役割をするタンパク質をとくに酵素といいます。タンパク質の種類は数え切れないほどありますが、どんなタンパク質も、たった20種類のアミノ酸がペプチド結合でつながってできています。

ポイント

❶カルボキシ基（$-COOH$）とアミノ基（$-NH_2$）を両方もつ有機化合物をアミノ酸といい、それらが結合してできた $-CONH-$ という結合をペプチド結合といいます。

❷アミノ酸がペプチド結合をしてできたものをペプチドといい、ペプチドの中でも、生命現象に密接な結びつきをもっている物質を特に区別してタンパク質といいます。

❸ BSE（牛海綿状脳症）の病原体は異常な立体構造をもつタンパク質です。

タンパク質の材料、アミノ酸

アミノ酸とは、分子中にアミノ基（$-NH_2$）とカルボキシ基（$-COOH$）の2種の官能基をもった化合物のことです。とくに、2つの官能基が同一の炭素原子に結合しているものを **α-アミノ酸**といいます。タンパク質はすべて、**図 25-1** の側鎖Rの部分が異なる20種類の α-アミノ酸からできています（プロリンだけは例外的に環状構造をとっています）。

アミノ酸はグリシン以外では、中心の炭素原子に4つの異なる官能基がついているので、光学異性体があります（光学異性体については第24項を参照）。しかし、天然に存在するアミノ酸は、光学異性体のうち片方のL体しかありません。もう片方のD体は、タンパク質の材料としては使えないばかりか、自然界にはほとんど存在していないのです。

たとえば、L-グルタミン酸ナトリウムは人間がうま味を感じるので、化学調味料として広く使われています。ところが、D-グルタミン酸ナトリウムは、口に入れてもうま味を感じないどころか苦味を感じます。うま味は、舌の表面に存在する味覚受容体細胞表面に、グルタミン酸が結合することにより感知される感覚です。味覚受容体細胞の結合部位には、L-グルタミン酸の分子構造のみがかみ合い、D-グルタミン酸は結合できないのです。

光学異性体は物理的、化学的性質は同じですが、生理的作用は異なり、D-グルタミン酸は仮に人間が摂取しても人体の構成要素としては使うことができません。

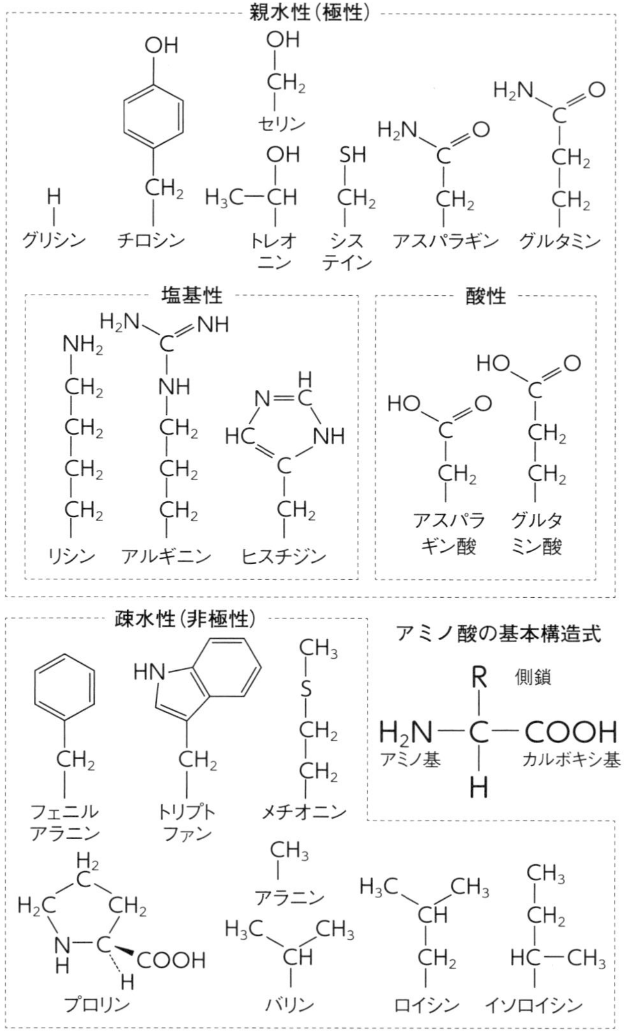

図25-1　20種類のα-アミノ酸の側鎖R

アミノ酸には、塩基性を示すアミノ基 $-NH_2$ と、酸性を示すカルボキシ基 $-COOH$ があるので、酸と塩基の両方の性質を示します。そのため、アミノ酸の水溶液では、pHが小さい酸性の状態ではまわりに H^+ がたくさんあるので、陽イオンの状態で存在しています（**図25-2(A)**）。逆にpHが大きい、つまり塩基性の状態ではまわりに OH^- がたくさんあるので陰イオンの状態で存在します（**図25-2(C)**）。この（A）と（C）の中間の状態、つまり、アミノ酸全体の電荷が0となるpHの値を**等電点**といい、陽イオン陰イオン双方の性質をもつこの状態を、**双性イオン**といいます。

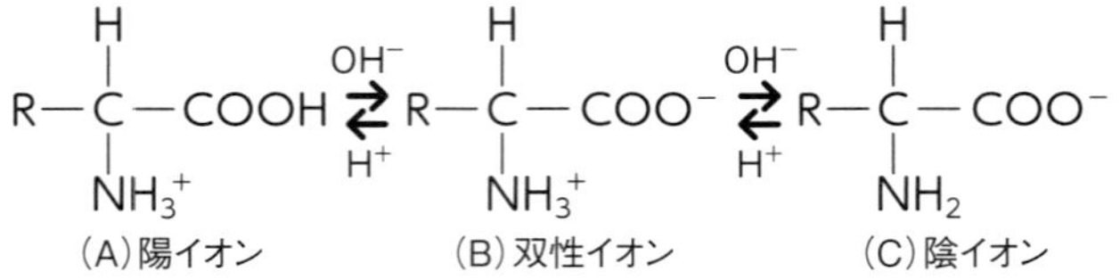

図25-2　アミノ酸のpHによる構造の変化

双性イオンとなる等電点は、アミノ酸の種類によって異なる値を示します。等電点が酸性側にあるアミノ酸（アスパラギン酸、グルタミン酸）を酸性アミノ酸、等電点が塩基性側にあるアミノ酸（リシン、アルギニン、ヒスチジン）を塩基性アミノ酸と呼び、他のアミノ酸と区別しています。

アミノ酸をこのように分類するのには理由があります。酸性というのは水素イオンを放出できますよということですし、塩基性ということは水素イオンを受け取れますよということです。アミノ酸がつながってタンパク質となると、水素イオンを放出したり、受け取ったりすることでさまざまな仕事を行うため、この仕組みをきちんと捉えるには、等電点を知ることが大切なのです。

肉は熟成して美味しくなる

アミノ酸どうしが縮合して生じた結合を**ペプチド結合**といい、この物質を**ペプチド**といいます。ペプチドの中でも、生命現象に密接な結びつきをもっている物質をとくに区別して**タンパク質**と呼んでいます。

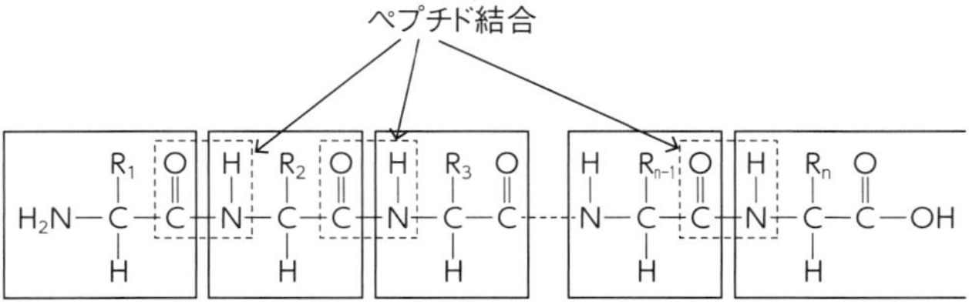

図25-3　ペプチドの構造

牛肉はタンパク質の塊ですが、解体してすぐは筋肉が硬く引っ張り合っている状態なので、新鮮ですがあまりおいしくありません。そこで熟成させるため、骨付きの塊の肉を冷蔵庫で1ヵ月近く置いておきます。

そんなに置いたら腐っちゃうよ、と思いますよね。もちろん黒ずんできて、カビが生えることもあります。でもこれは表面だけで、肉の内部では酵素のはたらきでタンパク質がアミノ酸に分解されるので、うまみがどんどん蓄積されていきます。

熟成がじゅうぶん進んだら、まわりの悪くなった部分をそぎ落とします。すると、中から極上に熟成したくすんだ赤色の肉が現れるというわけです。

しかし、これには時間がかかりますし、表面だけとはいえ、肉が無駄になってしまいます。タンパク質が分解されてできるアミノ酸のうまみを、手っ取り早く得ることはできないだろうか。そうしたニーズに応えたのが、「たんぱく加水分解物」です。

タンパク質を塩酸でぐつぐつ煮ると、ペプチド結合が切れる加水分解がおきて、ばらばらのアミノ酸にすることができます。これを利用したのが、**たんぱく加水分解物**です。たんぱく加水分解物は、食品添加物としてカップめんなどの加工食品に幅広く使われていて、L-グルタミン酸ナトリウムだけを使うよりも自然なうまみやコクを出すことができます。たんぱく加水分解物の原料は、油を抜いた後の大豆のタンパク質や、動物の皮、靭帯、羽毛など、食用にならない部分のタンパク質が利用されています。

酵素としてはたらくタンパク質

カタラーゼという、体内の活性酸素を分解する酵素のタンパク質を紹介します。カタラーゼは526個のアミノ酸からなるタンパク質が4つ合体して、ひとつのタンパク質としてはたらきます。このカタラーゼを実際に細胞内で反応する3次元の構造で描いたのが**図25-4**です。

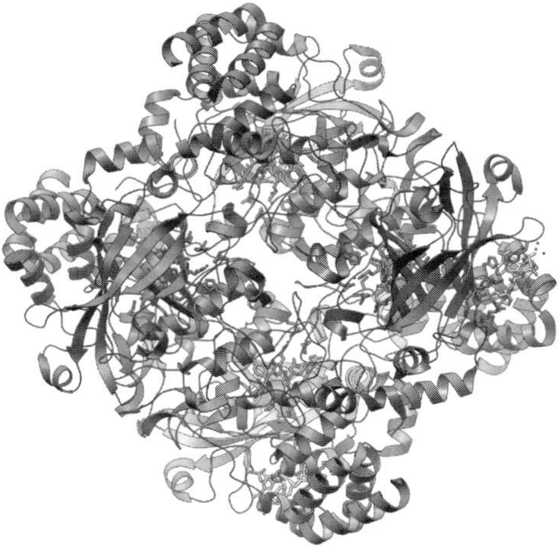

図 25-4　ヒト赤血球中のカタラーゼの構造

図 25-4 をよく見ると、らせんになっている部分と、矢印の形をしているシート状の部分が目立ちます。これはペプチド結合の -N-H と -C=O の間で水素結合（水素原子を介して極性をもつ官能基同士が引き合う分子間力の 1 種）が生じることによってできるらせん構造（**α-ヘリックス**といいます）をとっている部分と、ひだのように折れ曲がったシート状構造（**β-シート**といいます）の部分を表しているのです（**図 25-5**）。

アミノ酸がペプチド結合してできたひも状のペプチドは、α-ヘリックスや β-シートの立体構造に加えて、側鎖の部分の官能基（-COOH、$-NH_2$、-SH、-OH）による水素結合や、2 つのシステインの側鎖（-SH）どうしによるジスルフィド結合（-S-S-）によって、3 次元的に折り

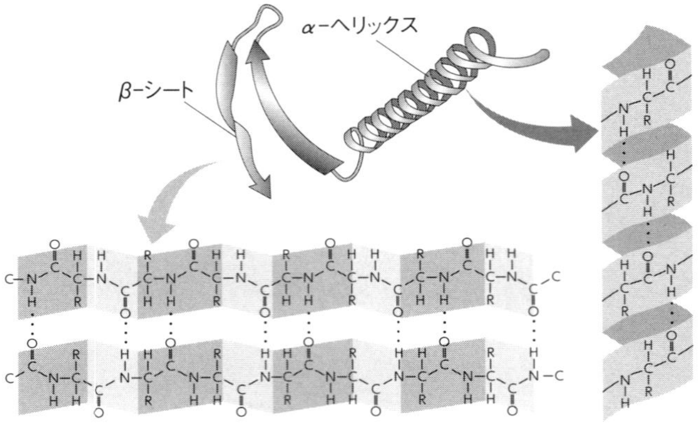

図 25-5　α-ヘリックス（右）と β-シート（左）の構造

たたまれて初めてタンパク質として活性酸素を分解できるようになります。つまり、タンパク質では立体構造がとても重要な意味をもつのです。

これが顕著に表れたのが BSE（牛海綿状脳症）です。BSE は一般的には狂牛病と呼ばれていますが、BSE に感染した牛の脳を調べてもウイルスや細菌などは見つかりません。BSE の原因物質として牛の脳に見つかるのは、プリオンという 264 個のアミノ酸からできたタンパク質です。

ところが、このプリオンと同じアミノ酸配列をもつタンパク質は、正常な牛の脳にも存在しています。違いは、正常なプリオンには α-ヘリックスの構造が多いのに対して、異常型プリオンには β-シートの構造が多くなっています（**図 25-6**）。β-シート構造を多くもつと、タンパク質は長い繊維状になって凝集し、脳の機能を阻害してしまうので

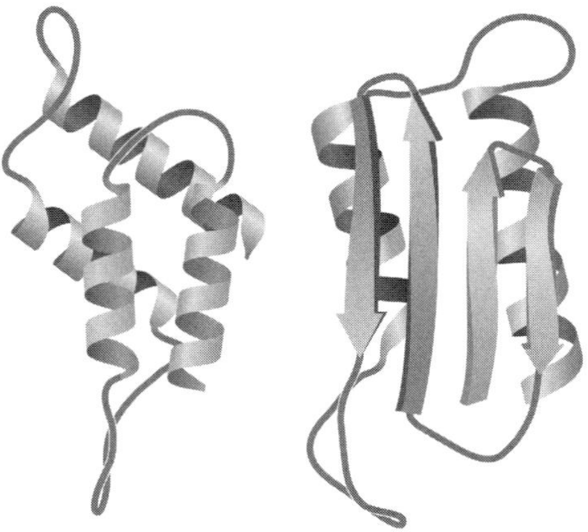

図25-6　正常型プリオン（左）と異常型プリオン（右）の構造

す。さらに異常型プリオンの恐ろしいところは、正常なプリオンもどんどん異常型に変えてしまうことで、BSEに感染すると最終的に脳がスポンジのようにスカスカになって死に至るのです。

アミノ酸＋アミノ酸＋メタノール＝人工甘味料？

砂糖は私たちの生活に欠かせないものですが、摂りすぎると肥満になったり、糖尿病になったりします。そこで昔から、砂糖よりもカロリーの低い代用甘味料がたくさん開発されてきました。自然界には存在しない、化学的に合成された甘味料を人工甘味料といいます。現在「カロリーゼロ」と表示されたほとんどの飲料には、アスパルテームという人工甘味料が入っています。

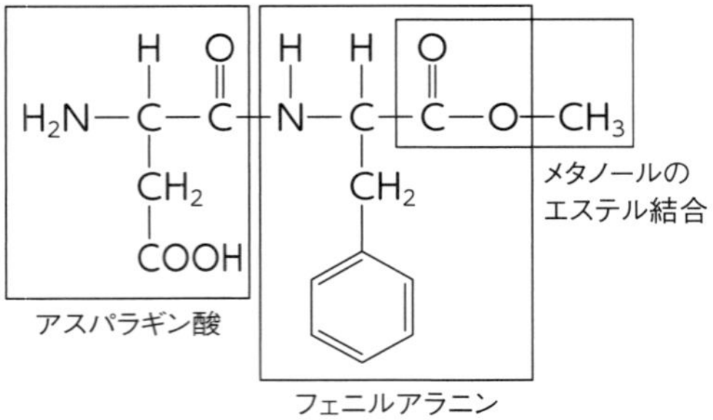

図 25-7　アスパルテーム

アスパルテームは、アミノ酸のうちアスパラギン酸とフェニルアラニンがペプチド結合したものに、メタノールがフェニルアラニンのカルボキシ基にエステル結合しています（**図 25-7**）。体内で分解されても、アスパラギン酸とフェニルアラニンはもともとアミノ酸なので、毒性はありません。メタノールは失明や致死などの人体への毒性が知られていますが、甘味料程度の摂取量なら、果物や野菜に自然に存在する量よりもはるかに少ないので、無視できるとされています。

このアスパルテーム、砂糖の構造とはまったく異なるのに、砂糖の主成分であるスクロース（ショ糖）の 100 倍以上の甘味をもちます。これだけ強い甘味を感じるメカニズムはいまだ解明されておらず、人体の不思議を感じます。

26 人間が作り出した高分子化合物
合成樹脂(プラスチック)、合成繊維

合成高分子化合物には、合成樹脂、合成繊維があります。合成樹脂はいわゆるプラスチックですが、一言でプラスチックといっても、ポリプロピレンやポリ塩化ビニルなど分子構造が異なるいろいろな種類のものがあります。また合成繊維も、ナイロンやポリエステルなど用途に応じてさまざまなものが開発されてきました。

ポイント

❶プラスチック製品についているリサイクルマークを見れば、何を原料としているのかがわかります。

❷プラスチックには、付加重合でできたものと、縮合重合でできたものがあります。

❸ポリエチレンには高密度のものと、低密度のものがあります。

❹ポリエステルは、加熱して融かしてから紡糸すると、繊維として使えます。

合成樹脂は千差万別

まず**合成樹脂**について紹介しますが、みなさんにとっては、合成樹脂というよりプラスチックといったほうがイメージしやすいと思います。**プラスチック**と一言でいっても、原料のモノマー(単量体) の違いにより、いろいろな種類があります。

現在日本では、あらゆるプラスチック製品にリサイクルマークがついているので、このマークを見れば、どんなプラスチックが使われているのかわかります。たとえばパックごはんには、**図 26-1** のようなリサイクルマークがついています。

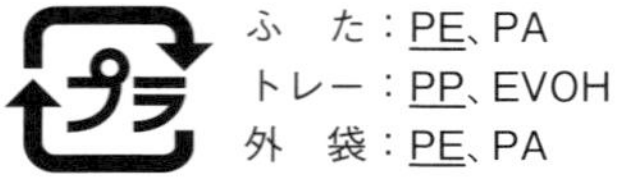

図26-1　プラスチック製品のリサイクルマークの例

このマークの意味は、ふたと外袋にはポリエチレン(PE) を主たる材料として (下線が引いてあるほうが主たる材料です)、それ以外にポリアミド (PA) が使用されている、トレーにはポリプロピレン (PP) を主たる材料として、それ以外にエチレンビニルアルコール共重合体(EVOH) が使用されているということです。それぞれのプラスチックについて詳しく見ていきましょう。

ポリエチレン(PE)

ポリエチレン (PE) とは、エチレン ($CH_2=CH_2$) が付加重合してできた高分子化合物です。付加重合は第 24 項の**図 24-1** で説明したように、二重結合のうちの1本が次々開いて分子間に共有結合を形成していく反応形式です。付加重合でできる高分子化合物の基本形が**図 26-2** です。ポリエチレンは、この図の4つのXがすべてH原子でできている、いちばん単純な高分子化合物です。

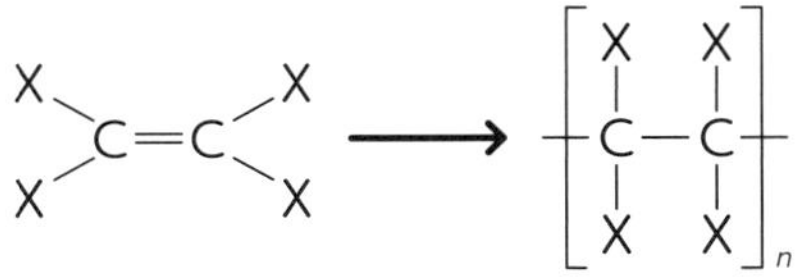

図 26-2　付加重合でできる高分子化合物

ポリアミド(PA)

ポリアミド（PA）とは、アミノ基 $-NH_2$ とカルボキシ基 $-COOH$ が縮合重合してできた高分子化合物です。第24項の**図 24-2** では、ヒドロキシ基とカルボキシ基が縮合重合するパターンを紹介しましたが、ポリアミドはヒドロキシ基の代わりにアミノ基 $-NH_2$ が反応し、アミド結合 $-NH-CO-$ を形成します（**図 26-3**）。ペプチド結合と同じ構造ですが、タンパク質ではないときはアミド結合といいます。

XとYにいろいろな構造が入ることで性質が変わります。PAの表記だけでは、XとYがどんな構造かはわかりませんが、ベンゼン環だったり、$-CH_2-$ がつながった構造だったりします。

合成繊維として有名な**ナイロン**も、ポリアミドの一種です。ナイロンは 6,6-ナイロン、6,10-ナイロンなどの種類

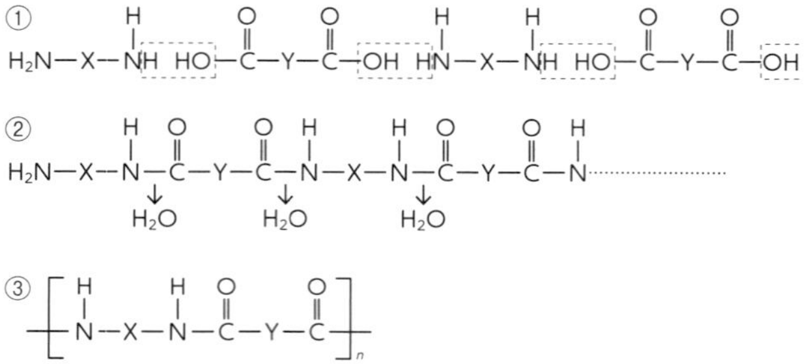

図26-3　アミノ基とカルボキシ基の縮合重合

がありますが、ナイロンの前についている数字は、Xの部分とYの部分にあたる場所に $-CH_2-$ というつながりがいくつ入っているかということを表します。6,6-ナイロンではXとYにそれぞれ6個ずつ、6,10-ナイロンではXが6個、Yが10個です。

6,6-ナイロンは世界初の合成繊維で、1935年にアメリカのデュポン社のウォーレス・カロザースが合成に成功しました。ナイロンはタンパク質でできた絹と同じ構造のアミド結合でつながっているので、感触が絹に似ています。1938年デュポン社は、カロザースが合成したナイロンを「水と空気と石炭から作られ、クモの糸よりも細く、鋼鉄よりも丈夫な夢の繊維」として発売しました。「ナイロン」という名前も、このとき商品名として名付けられたものですが、現在ではポリアミド系の合成繊維の物質名となっています。

ポリプロピレン(PP)とエチレンビニルアルコール共重合体(EVOH)

トレーに使われている**ポリプロピレン**（PP）は、プロピレン（$CH_2=CH-CH_3$）が付加重合した合成樹脂です。**図 26-2** の構造式では、4つのXのうち1つがメチル基$-CH_3$で、残りがHになります。ポリエチレンに比べて、透明性が高い、耐熱性に優れている、というメリットがあります。

ポリプロピレンとともにトレーに使われている**エチレンビニルアルコール共重合体**（EVOH）は、ポリエチレンとポリビニルアルコールの両方の構造をあわせもっています。

ポリビニルアルコールは、**図 26-2** の構造式では4つのXのうち1つがヒドロキシ基$-OH$で、残りがHになります。ヒドロキシ基$-OH$があるので、空気中の酸素が入り込むのをブロックすることができるという利点があります。

エチレンビニルアルコール共重合体は、このポリビニルアルコールの利点と、熱で溶かして成型できるというポリエチレンの利点を兼ね備えています。そのため、トレーにはポリプロピレンだけではなく、エチレンビニルアルコール共重合体も使用されているのです。

プラスチックのリサイクルマーク

図 26-1 のようなプラスチック製品についているリサイクルマークは、**プラスチック製容器包装識別マーク**といいます。これ以外に、プラスチック材質表示識別マークがあ

り、使われているプラスチックの種類によりマークが異なります。

図 26-4　プラスチック材質表示識別マーク

1のマークは、ペットボトルには必ずついているものです。PETは**ポリエチレンテレフタレート**の略で、エチレングリコール（HO-CH_2-CH_2-OH）とテレフタル酸（HOOC-C_6H_4-COOH　C_6H_4はベンゼン環）が縮合重合してできたものです。ポリエチレンテレフタレートは**ポリエステル**の一種で、繊維としても広く使われています。ペットボトルとポリエステル繊維は形が違うだけなので、ペットボトルは、細かく砕いてフレーク状にしてから、高温で溶かしてポリエステル繊維にしてリサイクルしています。

2のマークと4のマークはどちらもポリエチレンですが、密度が違います。2のマークは**高密度ポリエチレン**（HDはHigh Density＝高密度の略）で、枝分かれの少ない構造をもち、引っ張りに強いのでスーパーのレジ袋やごみ箱、ポリタンクやビールを運ぶケースなどに使われます。4のマークは**低密度ポリエチレン**（LDはLow Density＝低密度の略）で、多くの枝分かれのある構造をもち、透明で光沢性があるので、透明なビニール袋に使われています。

3のマークは**ポリ塩化ビニル**で、塩化ビニル H_2C＝CHClをモノマーとするプラスチックです。**図 26-2**の構造式では、4つのXのうち、1つが塩素Clで、残りはHです。ポリ塩化ビニルは加工しやすく、酸やアルカリにも強くて燃えにくいという性質があるので、水道のパイプ、消しゴムなどに使われています。

6のマークは**ポリスチレン**（PS）で、スチレン$H_2C=CH(C_6H_5)$をモノマーとするプラスチックです。**図 26-2** の構造式では、4つのXのうち、1つがベンゼン環で、残りはHです。発泡スチロールはこのポリスチレンでできていて、炭化水素ガスを吸収した1mm程度のポリスチレンのビーズに高温の蒸気を当てると、ポリスチレンが軟らかくなると同時に炭化水素ガスが膨張して発泡します。発泡するときに型に入れておけば、好きな形の発泡スチロールをつくることができます。

7のマークは1～6以外のプラスチックを指し、アクリル系の樹脂（たとえばポリメタクリル酸メチルでは**図 26-2** の構造式の4つのXのうち、同じ炭素原子に結合している2つが$-CH_3$と$-COOCH_3$になり、残りの2つがHになったもの）などが含まれます。

水を吸い込んで外に出さない吸水性高分子

紙おむつには、水を吸い込んで膨らみ、外には出さない吸水性高分子の粉末が入っています。この吸水性高分子は、アクリル酸ナトリウム$CH_2=CH-COONa$と、少量の架橋剤をまぜて付加重合させ、乾燥後粉砕して粉末にしたものです。

架橋剤とは、原子が一直線につながっている二次元の直線構造を、橋を架けるようにところどころつなぐはたらきをもつ物質で、分子内に2ヵ所以上二重結合をもつのが特徴です。アクリル酸ナトリウムだけでは鎖状の高分子化合物にしかなりませんが、この架橋剤を入れることにより、ところどころに架橋構造ができて三次元的な網目構造ができます。

この吸水性高分子は1.0 gの粉末で約1 Lの水を吸い込むことができます。乾燥時の吸水性高分子は、-COONaの形で存在していますが、水が入ってくると$-COO^-$とNa^+に電離するので、$-COO^-$のマイナスどうしで反発して高分子の立体の網目が広がってすき間の多い構造になります。このすき間にさらに水をため込むことができるため、高分子はさらにどんどん広がります。水は、立体網目構造に完全に閉じ込められているので、力が加わっても出てくることはありません。

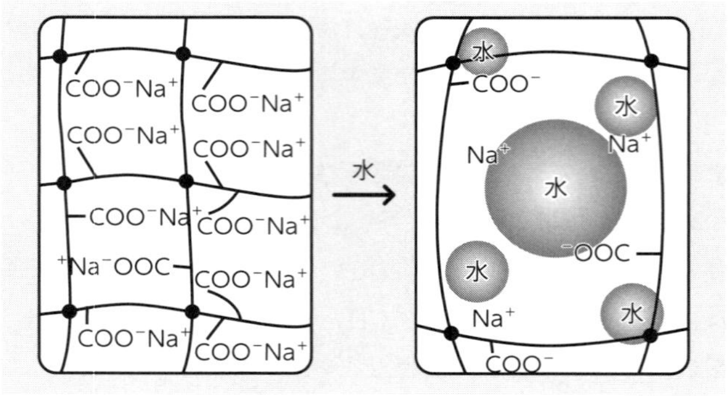

図26-5　吸水性高分子の吸水メカニズム

この吸水性高分子は紙おむつや生理用品はもちろんのこと、保冷材や砂漠緑化のための保水材としての用途も研究されています。

おわりに

最後まで読んでいただいてありがとうございました。

科学技術が発展した現在、スマートフォンではボタンすらなくなりました。糸電話で電話のメカニズムが説明できた時代と比べると、子どもに理科の面白さを伝えるために、大人も今まで以上に学び続けなければいけない時代になってしまったと思います。

そんなことを感じているときに、この本の企画案をいただきました。大人のみなさんが学び続けるお手伝いができればと二つ返事で引き受けましたが、「なぜこれを知るべきなのか」を書こうとするとペンが止まってしまうことが多々ありました。受験生を教えることが多かった私は、いつの間にか入試に出題されるところだけを効率的に教えるという姿勢が染み付いてしまっていたようです。これではいけないと初心に帰って、学ぶ意味を各項ごとに再確認しながら本書を書きました。お役に立てましたら幸いです。

またこの本は、姉妹本である『大人のための高校物理復習帳』の著者で親友の桑子研先生の紹介でスタートしました。桑子先生と、私のつたない原稿を丁寧に編集してくださった講談社の篠木さん、そして私の授業にお付き合いしてくれ、毎日新しい発見を与えてくれる生徒たちに感謝したいと思います。ありがとうございました。

参考文献

斎藤烈他『化学基礎』啓林館、2011
斎藤烈他『化学』啓林館、2011
細谷治夫他『高等学校化学Ⅰ』三省堂、2012
細谷治夫他『高等学校化学Ⅱ』三省堂、2012
野村祐次郎他『化学基礎』数研出版、2012
辰巳敬他『化学』数研出版、2012
井口洋夫他『化学基礎』実教出版、2012
井口洋夫他『化学』実教出版、2012
竹内敬人他『化学基礎』東京書籍、2012
竹内敬人他『化学』東京書籍、2012
山内薫他『化学基礎』第一学習社、2012
山内薫他『化学』第一学習社、2012
斎藤烈他『高等学校化学Ⅰ改訂版』啓林館、2006
斎藤烈他『高等学校化学Ⅱ改訂版』啓林館、2007
卜部吉庸『化学Ⅰ・Ⅱの新研究』三省堂、2004
阿部光雄他『理工系大学基礎化学』講談社サイエンティフィク、1993
福田豊他『詳説無機化学』講談社サイエンティフィク、1996
日本化学会編『教育現場からの化学Q＆A』丸善、2002
沓掛俊夫『科学の歴史 15講 改訂第2版』開成出版、1998
ウォルター・グラットザー著 安藤喬志他訳『ヘウレーカ！ひらめきの瞬間 誰も知らなかった科学者の逸話集』化学同人、2006
実教出版編修部編『増補三訂版サイエンスビュー化学総合資料』実教出版、2007
芝哲夫『化学物語25講 生きるために大切な化学の知識』化学同人、1997
玉虫伶太他編『エッセンシャル化学辞典』東京化学同人、1999
渡辺正他『高校で教わりたかった化学』日本評論社、2008
ハート著 秋葉欣哉他訳『ハート基礎有機化学 改訂版』培風館、1994
吉野公昭『もう一度高校化学』日本実業出版社、2010

さくいん

〈数字・アルファベット〉

1気圧　68
1-プロパノール　229
2-プロパノール　229
A　168
ADH　236
ALDH　236
aq　94
BSE　278
℃　61
cal　99
cis　219
COD　135
D（体）　260
EVOH　285
°F　66
hPa　68
J　91
K　61
L（体）　260
mol　44
N　68
NOx　182
Pa　68
PA　283
PE　282
PET　286
pH　120
PP　285
PS　287
SOx　181
trans　219
α-アミノ酸　272
α-ヘリックス　277
β-シート　277

〈あ行〉

赤錆　203
アスパルテーム　279
アセチルサリチル酸　247
アセチレン　220
アセトアルデヒド　231
アセトン　231
アニリン　242, 246
アボガドロ定数　43
アマルガム　200
アミノ酸　272
アミロース　267
アミロペクチン　267
アルカリ　129
アルカリ型燃料電池　156
アルカリ乾電池　153
アルカリ金属　191
アルカリ性　121
アルカリ土類金属元素　193
アルカン　218
アルキン　220
アルケン　218
アルコール　228
アルコール脱水素酵素　236
アルゴン　176
アルデヒド　233
アルデヒド脱水素酵素　236
アルミナ　199

アルミニウム　199
アレニウスの定義　121
アンペア　168
位　260
硫黄　180
イオン　24
イオン化傾向（金属の）
142
イオン結合　27
イオン結晶　27
イオン交換膜法　165
イオン積（水の）　123
イオン反応式　54
イソプレン　269
一次電池　154
陰イオン　26
エーテル　235
エステル　235
エステル結合　236, 257
エタノール　229
エタン　216, 229
エチレン　218
エチレンビニルアルコール共重合体　285
エチン　220
エテン　218
エネルギー図　92
塩　127
塩基　121
塩基性　121
炎色反応　194
塩素　178
エントロピー　101
王水　145
黄銅　209
黄リン　184
温室効果ガス　186
温度　60

〈か行〉

化学的酸素要求量　135
化学反応　50
化学反応式　50
化学反応の量的関係　55
可逆反応　113
架橋剤　287
価数　124
ガソリン　214
カタラーゼ　276
活性化エネルギー　104
活性化状態　104
価電子　18
ガラクトース　258
カリウム　191
加硫　269
カルシウム　194
カルボン酸　236
カロリー　99
還元　132
還元剤　133
乾電池　153
官能基　230
幾何異性体　219
希ガス　24, 175
貴金属　144, 172
気体の状態方程式　73
希土類元素　193
逆浸透法　88
逆反応　113
牛海綿状脳症　278
吸水性高分子　287

吸熱反応　91
凝固点降下　79
凝固点降下度　80
強弱（酸と塩基の）　124
凝縮熱　95
共有結合　33
共有電子対　33
極性　36
極性分子　36
銀　208
金属結合　37
金属元素　173
クーロン力　27
クメン法　246
グルコース　258
黒錆　203
ケイ素　186
ケトン　233
ケルビン　61
原子　14
原子核　14
原子番号　15
原子量　42
元素　16
元素記号　15
高温超電導　175
光学異性体　260
硬水　196
合成樹脂　282
構造異性体　217, 218
構造式　34
高分子化合物　254
高密度ポリエチレン　286
高炉　204
コークス　204
黒鉛　185
極軟鋼　205
ゴム　269
ゴム状硫黄　181

〈さ行〉

最硬鋼　206
錯イオン　199
酢酸　233
サリチル酸メチル　247
酸　121
酸化　132
酸化アルミニウム　199
酸化カルシウム　195
酸化還元滴定　138
酸化還元反応　132
酸化剤　133
酸化数　134
酸化鉄　203
三重点　65
酸性　121
酸素　179
式量　45
シクロ　223
シス　219
質量欠損　47
質量数　15
質量パーセント濃度　47
質量モル濃度　80
斜方硫黄　181
シャルルの法則　71
周期　19
周期表　11, 12
重合体　255
自由電子　38
ジュール　91

縮合重合　256
蒸気圧　75
蒸気圧曲線　75
蒸気圧降下　77
焼結鉱　205
焼石膏　198
状態図　64
状態変化　50
鍾乳洞　196
蒸発熱　95
触媒　109
シリコン　186
辰砂　200
浸透　85
浸透圧　86
水銀　200
水酸化カルシウム　195
スクロース　264
スズ　201
生成熱　94
生石灰　195
青銅　201, 209
正反応　113
赤リン　184
石膏　197
絶対温度　61
絶対零度　60
セルシウス度　61
セルロース　265
遷移金属元素　189, 203
銑鉄　205
相図　64
双性イオン　274
相対原子質量　42
族　19
速度定数　105
組成式　28
ソックス　181

〈た行〉

第一級アルコール　233
第三級アルコール　231
第二級アルコール　233
ダイヤモンド　185
多原子イオン　27
多糖類　258
ダニエル電池　149
炭化水素　214
単原子イオン　27
炭酸カルシウム　195
単斜硫黄　181
炭素　185
単糖類　258
たんぱく加水分解物　276
タンパク質　275
単量体　255
置換反応　221
地球温暖化　185
窒素　182
中性子　14
中和　127
中和滴定　128
中和熱　95
中和反応　127
超電導　175
低密度ポリエチレン　286
滴定曲線　128
鉄　203
鉄鉱石　204
電荷　14
電解質　28

電解精錬　168, 207
電気陰性度　36
電気分解　161
電気量　168
典型金属元素　189
電子　14
電子殻　17
電子配置　17
電池　149
天然ゴム　269
デンプン　265
転炉　205
銅　206
同位体　17
凍結防止剤　81
同素体　92
等電点　274
トランス　219

〈な行〉

ナイロン　283
ナトリウム　191
ナフタレン　248
鉛蓄電池　154
軟鋼　206
軟水　196
二次電池　154
ニッケル黄銅　210
二糖類　258
ニュートン　68
ネオン　176
熱運動　60
熱化学方程式　92
燃焼　50
燃焼熱　93
燃料電池　156
ノックス　182

〈は行〉

白銅　210
パスカル　68
発熱反応　91
ハロゲン　177
半減期　21
ハンダ　201
半透膜　84
反応熱　91
ピーエイチ　120
卑金属　172
非金属元素　173
ヒドロキシ基　228
比熱　91
ファーレンハイト度　66
ファラデー定数　168
ファラデーの法則　168
ファンデルワールス力　39
フェノール　242, 244
不可逆反応　114
付加重合　255
付加反応　222
不斉炭素原子　260
不対電子　256
物質の三態　60
フッ素　177
沸点　65
沸点上昇　78
沸点上昇度　80
不動態　199
ブドウ糖果糖液糖　266
不飽和脂肪酸　225

不飽和炭化水素　224
プラスチック　282
プラスチック製容器包装識別マーク　285
プリオン　278
ブリキ　201
フルクトース　258
ブレンステッド・ローリーの定義　122
プロパン　216, 229
ブロンズ　201
分子　34
分子量　45
閉殻　24
平衡状態　112, 113
平衡定数　118
ヘスの法則　98
ペプチド　275
ペプチド結合　275
ヘリウム　175
ベンゼン　240
ベンゼン環　240
ボイル・シャルルの法則　72
ボイルの法則　70
芳香族化合物　241
芳香族性　241
放射性同位体　17
飽和脂肪酸　225
飽和炭化水素　224
ボタン電池　158
ポリアミド　283
ポリエステル　286
ポリエチレン　282
ポリエチレンテレフタレート　286
ポリ塩化ビニル　286
ポリスチレン　287
ポリプロピレン　285
ポリマー　255
ホルマリン　231
ホルムアルデヒド　231

〈ま・や・ら行〉

マイナスイオン　30
マルトース　264
マンガン乾電池　153
メタノール　229
メタン　216, 229
モノマー　255
モル濃度　47
有機化合物　214
融点　65
陽イオン　24
溶液　47
溶解熱　94
陽子　14
溶質　47
ヨウ素デンプン反応　267
溶媒　47
溶融塩電解　163
ラジカル　256
リチウム　192
立体障害　262
両性元素　198
リン　184
リン酸型燃料電池　158
ルシャトリエの原理　115
レアアース　193
錬金術　172
緑青　210

N.D.C.430　297p　18cm

ブルーバックス　B-1816

大人《おとな》のための高校《こうこう》化学《かがく》復習帳《ふくしゅうちょう》

元素記号が好きになる

2013年 5 月20日　第1刷発行
2022年 2 月18日　第5刷発行

著者　竹田《たけだ》淳一郎《じゅんいちろう》
発行者　鈴木章一
発行所　株式会社講談社
〒112-8001　東京都文京区音羽2-12-21
電話　出版　03-5395-3524
販売　03-5395-4415
業務　03-5395-3615
印刷所　（本文印刷）株式会社新藤慶昌堂
（カバー表紙印刷）信毎書籍印刷株式会社
本文データ制作　株式会社フレア
製本所　株式会社国宝社

ISBN978-4-06-257816-5

発刊のことば

科学をあなたのポケットに

二十世紀最大の特色は、それが科学時代であるということです。科学は日に日に進歩を続け、止まるところを知りません。ひと昔前の夢物語もどんどん現実化しており、今やわれわれの生活のすべてが、科学によってゆり動かされているといっても過言ではないでしょう。

そのような背景を考えれば、学者や学生はもちろん、産業人も、セールスマンも、ジャーナリストも、家庭の主婦も、みんなが科学を知らなければ、時代の流れに逆らうことになるでしょう。

ブルーバックス発刊の意義と必然性はそこにあります。このシリーズは、読む人に科学的に物を考える習慣と、科学的に物を見る目を養っていただくことを最大の目標にしています。そのためには、単に原理や法則の解説に終始するのではなくて、政治や経済など、社会科学や人文科学にも関連させて、広い視野から問題を追究していきます。科学はむずかしいという先入観を改める表現と構成、それも類書にないブルーバックスの特色であると信じます。

一九六三年九月

野間省一

ブルーバックス　化学関係書

969 化学反応はなぜおこるか　上野景平
1152 酵素反応のしくみ　藤本大三郎
1188 金属なんでも小事典　増本 健＝監修　ウォーク＝編著
1240 ワインの科学　清水健一
1296 暗記しないで化学入門　平山令明
1334 マンガ　化学式に強くなる　高松正勝＝原作　鈴木みそ＝漫画
1375 実践　量子化学入門　CD-ROM付　平山令明
1508 新しい高校化学の教科書　左巻健男＝編著
1534 化学ぎらいをなくす本（新装版）　米山正信
1583 熱力学で理解する化学反応のしくみ　平山令明
1646 水とはなにか（新装版）　上平 恒
1710 マンガ　おはなし化学史　松本 泉＝原作　佐々木ケン＝漫画
1729 有機化学が好きになる（新装版）　米山正信／安藤 宏
1816 大人のための高校化学復習帳　竹田淳一郎
1848 今さら聞けない科学の常識3　聞くなら今でしょ！　朝日新聞科学医療部＝編
1849 分子からみた生物進化　宮田 隆
1860 発展コラム式　中学理科の教科書　改訂版　物理・化学編　滝川洋二＝編
1905 あっと驚く科学の数字　数から科学を読む研究会
1922 分子レベルで見た触媒の働き　松本吉泰
1940 すごいぞ！ 身のまわりの表面科学　日本表面科学会
1956 コーヒーの科学　旦部幸博
1957 日本海　その深層で起こっていること　蒲生俊敬
1980 夢の新エネルギー「人工光合成」とは何か　光化学協会＝編　井上晴夫＝監修
2020 「香り」の科学　平山令明
2028 元素118の新知識　桜井 弘＝編
2080 すごい分子　佐藤健太郎
2090 はじめての量子化学　平山令明

ブルーバックス12cm CD-ROM付

BC07 ChemSketchで書く簡単化学レポート　平山令明

ブルーバックス　物理学関係書（I）

79 相対性理論の世界　J・A・コールマン／中村誠太郎＝訳
563 電磁波とはなにか　後藤尚久
584 10歳からの相対性理論　都筑卓司
733 紙ヒコーキで知る飛行の原理　小林昭夫
911 電気とはなにか　室岡義広
1012 量子力学が語る世界像　和田純夫
1084 図解　わかる電子回路　加藤　肇／見城尚志／高橋　久
1128 原子爆弾　山田克哉
1150 音のなんでも小事典　日本音響学会＝編
1174 消えた反物質　小林　誠
1205 クォーク　第2版　南部陽一郎
1251 心は量子で語れるか　ロジャー・ペンローズ／A・シモニー／N・カートライト／S・ホーキング／中村和幸＝訳
1259 光と電気のからくり　山田克哉
1310 「場」とはなんだろう　竹内　薫
1324 いやでも物理が面白くなる　志村史夫
1375 実践　量子化学入門　CD-ROM付　平山令明
1380 四次元の世界（新装版）　都筑卓司
1383 高校数学でわかるマクスウェル方程式　竹内　淳
1384 マックスウェルの悪魔（新装版）　都筑卓司
1385 不確定性原理（新装版）　都筑卓司
1390 熱とはなんだろう　竹内　薫
1394 ニュートリノ天体物理学入門　小柴昌俊
1415 量子力学のからくり　山田克哉
1444 超ひも理論とはなにか　竹内　薫
1452 流れのふしぎ　石綿良三／根本光正＝著　日本機械学会＝編
1469 量子コンピュータ　竹内繁樹
1470 高校数学でわかるシュレディンガー方程式　竹内　淳
1483 新しい物性物理　伊達宗行
1487 ホーキング　虚時間の宇宙　竹内　薫
1509 新しい高校物理の教科書　山本明利／左巻健男＝編著
1569 電磁気学のABC（新装版）　福島　肇
1583 熱力学で理解する化学反応のしくみ　平山令明
1605 マンガ　物理に強くなる　関口知彦＝原作　鈴木みそ＝漫画
1620 高校数学でわかるボルツマンの原理　竹内　淳
1638 プリンキピアを読む　和田純夫
1642 新・物理学事典　大槻義彦／大場一郎＝編
1648 量子テレポーテーション　古澤　明
1657 高校数学でわかるフーリエ変換　竹内　淳
1675 量子重力理論とはなにか　竹内　薫
1697 インフレーション宇宙論　佐藤勝彦
1701 光と色彩の科学　齋藤勝裕

1715 量子もつれとは何か　古澤 明
1716 「余剰次元」と逆二乗則の破れ　村田次郎
1720 傑作！ 物理パズル50　ポール・G・ヒューイット＝作　松森靖夫＝編訳
1728 ゼロからわかるブラックホール　大須賀 健
1731 宇宙は本当にひとつなのか　村山 斉
1738 物理数学の直観的方法（普及版）　長沼伸一郎
1776 現代素粒子物語（高エネルギー加速器研究機構）＝協力　中嶋 彰／KEK
1780 オリンピックに勝つ物理学　望月 修
1798 ヒッグス粒子の発見　イアン・サンプル　上原昌子＝訳
1799 宇宙になぜ我々が存在するのか　村山 斉
1803 高校数学でわかる相対性理論　竹内 淳
1809 物理がわかる実例計算101選　クリフォード・スワルツ　園田英徳＝訳
1815 大人のための高校物理復習帳　桑子 研
1827 大栗先生の超弦理論入門　大栗博司
1836 真空のからくり　山田克哉
1848 今さら聞けない科学の常識3 聞くなら今でしょ！　朝日新聞科学医療部＝編
1852 物理のアタマで考えよう！　ジョー・ヘルマンス　ウィープケ・ドレンカン＝絵　村岡克紀＝訳・解説
1856 量子的世界像 101の新知識　ケネス・フォード　青木 薫＝監訳　塩原通緒＝訳

1860 発展コラム式 中学理科の教科書 改訂版 物理・化学編　滝川洋二＝編
1867 高校数学でわかる流体力学　竹内 淳
1871 アンテナの仕組み　小暮裕明　小暮芳江
1894 エントロピーをめぐる冒険　鈴木 炎
1899 エネルギーとはなにか　ロジャー・G・ニュートン　東辻千枝子＝訳
1905 あっと驚く科学の数字 数から科学を読む研究会
1912 マンガ おはなし物理学史　小山慶太＝原作　佐々木ケン＝漫画
1924 謎解き・津波と波浪の物理　保坂直紀
1930 光と重力 ニュートンとアインシュタインが考えたこと　小山慶太
1932 天野先生の「青色LEDの世界」　天野 浩／福田大展
1937 輪廻する宇宙　横山順一
1939 灯台の光はなぜ遠くまで届くのか　テレサ・レヴィット　岡田好恵＝訳
1940 すごいぞ！ 身のまわりの表面科学　日本表面科学会
1960 超対称性理論とは何か　小林富雄
1961 曲線の秘密　松下泰雄
1970 高校数学でわかる光とレンズ　竹内 淳
1975 マンガ現代物理学を築いた巨人 ニールス・ボーアの量子論　ジム・オッタヴィアニ＝原作　リーランド・パーヴィス＝漫画　今枝麻子／園田英徳＝訳
1981 宇宙は「もつれ」でできている　ルイーザ・ギルダー　山田克哉＝監訳　窪田恭子＝訳

ブルーバックス　地球科学関係書

1414 謎解き・海洋と大気の物理　保坂直紀
1510 新しい高校地学の教科書　杵島正洋／松本直記／左巻健男＝編著
1639 見えない巨大水脈　地下水の科学　日本地下水学会／井田徹治
1656 今さら聞けない科学の常識2　朝日新聞科学グループ＝編
1670 森が消えれば海も死ぬ　第2版　松永勝彦
1721 図解　気象学入門　古川武彦／大木勇人
1756 山はどうしてできるのか　藤岡換太郎
1804 海はどうしてできたのか　藤岡換太郎
1824 日本の深海　瀧澤美奈子
1834 図解　プレートテクトニクス入門　木村　学／大木勇人
1844 死なないやつら　長沼　毅
1848 今さら聞けない科学の常識3　聞くなら今でしょ！　朝日新聞科学医療部＝編
1861 発展コラム式　中学理科の教科書　改訂版　生物・地球・宇宙編　石渡正志／滝川洋二＝編
1865 地球進化　46億年の物語　ロバート・ヘイゼン／円城寺　守＝監訳／渡会圭子＝訳
1883 地球はどうしてできたのか　吉田晶樹
1885 川はどうしてできるのか　藤岡換太郎
1905 あっと驚く科学の数字　数から科学を読む研究会
1924 謎解き・津波と波浪の物理　保坂直紀
1925 地球を突き動かす超巨大火山　佐野貴司
1936 Q&A火山噴火127の疑問　日本火山学会＝編
1957 日本海　その深層で起こっていること　蒲生俊敬
1974 海の教科書　柏野祐二
1995 活断層地震はどこまで予測できるか　遠田晋次
2000 日本列島100万年史　山崎晴雄／久保純子
2002 地学ノススメ　鎌田浩毅
2004 人類と気候の10万年史　中川　毅
2008 地球はなぜ「水の惑星」なのか　唐戸俊一郎
2015 三つの石で地球がわかる　藤岡換太郎
2021 海に沈んだ大陸の謎　佐野貴司
2067 フォッサマグナ　藤岡換太郎
2068 太平洋　その深層で起こっていること　蒲生俊敬
2074 地球46億年　気候大変動　横山祐典
2075 日本列島の下では何が起きているのか　中島淳一
2077 海と陸をつなぐ進化論　須藤　斎
2094 富士山噴火と南海トラフ　鎌田浩毅
2095 深海——極限の世界　藤倉克則・木村純一＝編著／海洋研究開発機構＝協力
2097 地球をめぐる不都合な物質　日本環境学会＝編著